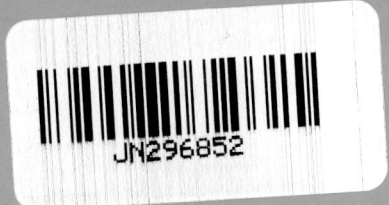

四万十川の魚図鑑

Fish guide of Shimanto-gawa

写真 大塚高雄　解説 野村彩恵　企画・構成 杉村光俊

【発行】ミナミヤンマ・クラブ
【発売】いかだ社

はじめに

数多の支流を集めながら、四国西南部をゆるやかに蛇行する総延長196kmの四万十川。今日では高知県を代表する観光地として広く知られています。同時に、記録魚種がおそらく全国一多いという顔も持ち合わせています。ただ不思議なことに、これらを一堂に紹介した出版物は未だ知られていません。一方で、休耕田の増加など流域で暮らす人々の生活様式の変遷に伴う環境変化、温暖化に起因すると考えられる気象変化など、魚類だけではなく多くの野生生物がその影響を受けています。

本書で主に写真を担当した大塚は1980年代半ばの長期取材以降も度々四万十川を訪れ、悲哀感情を抱きながら、その変化を見つめ続けてきました。また企画・構成を担当した杉村と、主に飼育情報を中心に種ごとの解説を担当した野村は、四万十市立「四万十川学遊館あきついお」において、そのスタッフらと共に魚類の継続的な分布調査を行っています。その中で四万十川水系から初めて記録された種も少なくありません。

また、四万十川学遊館における展示飼育では、自然下ではなかなか知ることができない種それぞれの食性や性質、さらには成長過程まで知ることができます。本書ではこうした情報もできるだけ取り入れるようにしました。読者の皆さんに、飼育への関心を通し、魚たちに対する愛着心をより高めてもらいたいという思いからです。

「継続は力なり」と言いますが、長年調査を続けているうちに、どの種が普通種で、どの種が希少種なのかが理解できてくるほか、どのような種が減少傾向で、どのような種が増加傾向にあるのかなどということも見えてきます。こうして得られた知見を元に、今起きている環境変化についての推察も行うことができるようになりました。

まだまだ四万十川の魚全てを知り尽くしたとは言えない私たちですが、魚とその生息環境を守っていきたいという思いだけは人一倍と自負しています。本書が魚を通し、変わり行く四万十川の一端を伝え、引いてはここで暮らす魚たちの保護につながってくれるなら、これに勝る喜びはありません。

本書の製作にあたり、以下の方々にお世話頂きました。厚くお礼申し上げます（敬称略・順不同）。

遠藤真樹　故・岡村　収　片山勝啓　故・加用辰美
窪田　幸　藤本勝行　古川　学　故・堀内　誠
松浦秀俊　故・山崎　武　全日本希少保護協議会
アクアテリア海人　足摺海洋館　イソップ
高知熱帯魚サービス　虹の森公園おさかな館
四万十川観光開発　四万十川中央・上流・下流漁業共同組合
千歳サケのふるさと館　熱帯魚園　高知県　高知大学農学部
高知市立図書館　国土交通省中村工事事務所　四万十市

目次

四万十川水系の魚類相

【記録種】

2009年末現在、四万十川水系からは199種の魚類が確認されている。この内、一生を淡水域で過ごすものはアマゴを含め33種、幼・稚魚の一時期を海域または汽水域で過ごす両側回遊魚が17種（アマゴ降海型のサツキマスを含む）、他は全て汽水魚または一時的に河川内に遡上してきた海水魚となる。また、他の水系から人為的に持ち込まれたと考えられる種が、純淡水魚を中心に18種含まれている。

【各流域の魚種】

渓流域の代表種としてアマゴ、タカハヤ、オオヨシノボリが挙げられ、一部支流ではウグイ、カワムツ、ドンコ等も見られる。イワナ類の自然分布がない本流域では、いわゆるイワナ域にアマゴが進出しているが、ニッコウイワナが放流された一部の支流ではイワナの増加と共にアマゴの減少が認められるという。上流から中流域での最優先種はカワムツで、本流、支流はもちろん、水田の用水路に至る大半の流水中から見出すことができる。移入魚のオイカワもカワムツに次いでよく繁殖している。その他、上流から中流域の代表種としてウグイ、ヤリタナゴ、アユ、ボウズハゼ、シマヨシノボリ、ヌマチチブ等が挙げられる。全国的に減少が懸念されているアカザが多産していることは注目に値する。近年、新種記載されたヒナイシドジョウも季節によっては普通に見られ、主要な支流の上流部ばかりではなく、本流でも河口から僅か10kmほど遡った地点まで広く生息している。

また夏期に、キチヌ、スズキ、ボラ、ギンガメアジ等の海水魚が河口から70kmほども遡上することが知られている。これは、河口から100km上流までの標高差が200mほどしかないという、緩やかな勾配によって流水面積が広がった河川水が暖められ、海水との温度差が小さくなることが最大の要因と考えられている。一方、重要な水産資源であるウナギ、アユ、ヌマチチブなどが激減した半面、在来種に深刻な悪影響を与える帰化魚のオオクチバス、ブルーギル、国内の他水系から移入されたカマツカ、コウライモロコが急増するなど生態系の変化が進行している。

下流（感潮）域は記録種の大半が見られる、正に魚類の宝庫とも言えるエリアで、特に汽水域に広がるコアマモ群落はアカメを始めとする多種の幼・稚魚成育場となっている。潮の干満によって形成された潮汐干潟にはトビハゼ、チワラスボ、ヒモハゼなどの希少種が多く生息している。

【急増する魚種】

現在200種近い魚類が記録されている四万十川水系だが、1990年代前半まででではまだ140種ほどであった。1990年代に入って記録されたもののうち、ゴマハゼやルリヨシノボリ等は単に調査不足が原因と思われるが、多くは複数の環境変化に起因しているものと考えざるをえない。一つ目は物理的な要因。高度成長時代、四万十川の川砂利は良質な建築資材として広範かつ大量に採取されてきた。その結果、河床低下を招き感潮域が拡大した。さらに、放置田や放置林の増加を主要因とする流域の保水力低下に加え、豪雨とかんばつが繰り返される、温暖化に起因すると考えられる降雨形態の変化も加わり、特に夏期を中心とする少雨期には河口域がほとんど海水化するようになっている。これが近年の、オヤビッチャ、ハコフグなど多くの海水魚発見につながっているものと推察される。二つ目が温暖化による熱帯性種の増加。河口が黒潮に開けている四万十川では、以前からユゴイなど沖縄本島付近が土着の北限と考えられていたいくつかの種が、死滅回遊魚として時々記録されていた。しかし現在、ノボリハゼ、ナンヨウボウズハゼなど種子島付近が分布北限と考えられていた種はほぼ定着しているものと思われるほか、ヤエヤマノコギリハゼのように八重山群島が分布北限とされている種までも、しばしば発見されるようになっている。

一河川としては、恐らく記録魚種日本一と考えられる四万十川だが、これは必ずしも良好な自然環境が保たれているという理由からだけではない。ただ、流域住民の多くが四万十川の環境悪化に気付いており、官民あげての保全活動が展開されていることは魚族保護にとっても心強い限りである。

魚の体

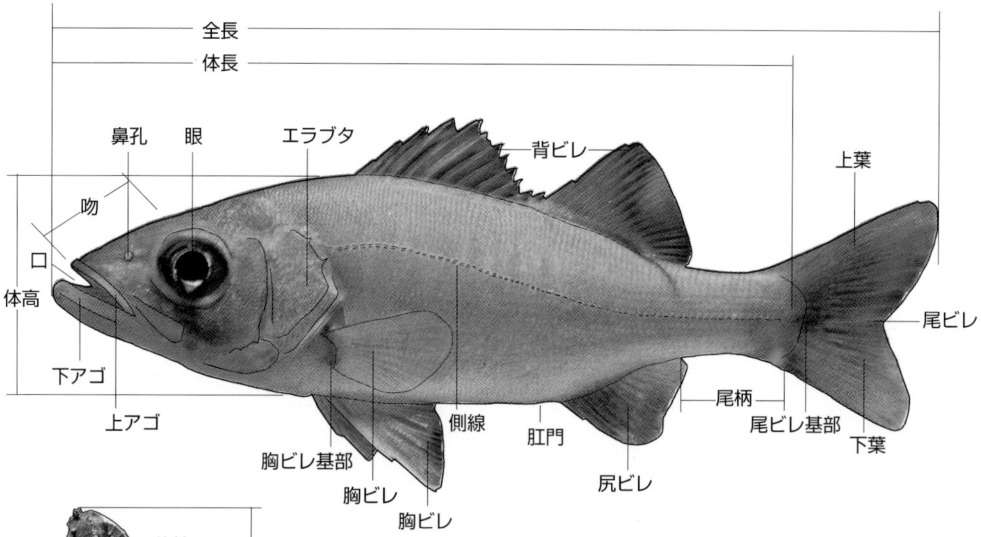

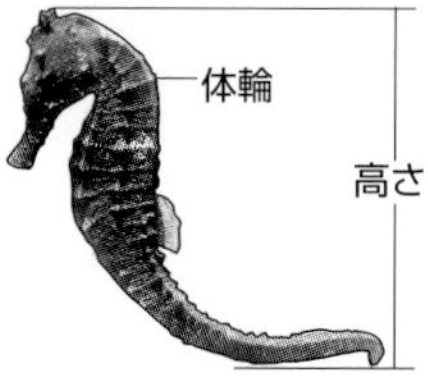

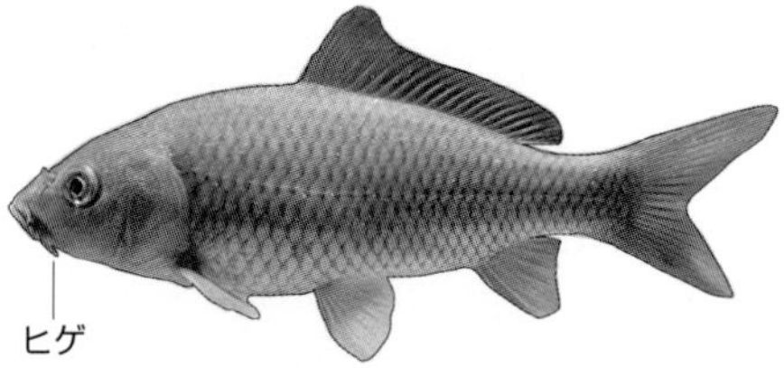

背ビレは１基　コイ科に多い

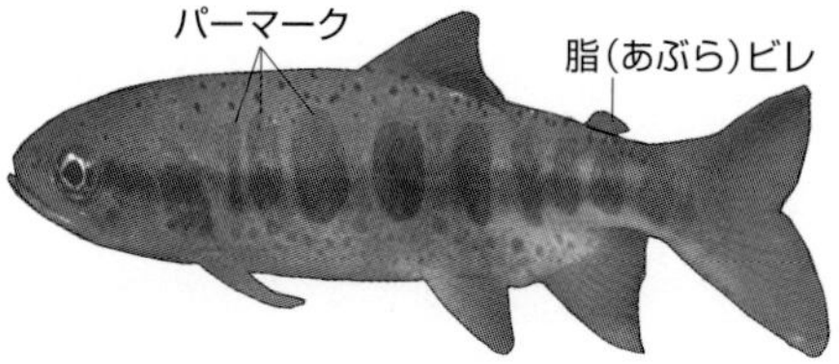

脂ビレはサケ科・アユ科・ギギ科などで見られる
パーマークはサケ科魚類の幼魚に見られる斑紋で、
アマゴでは7〜11個

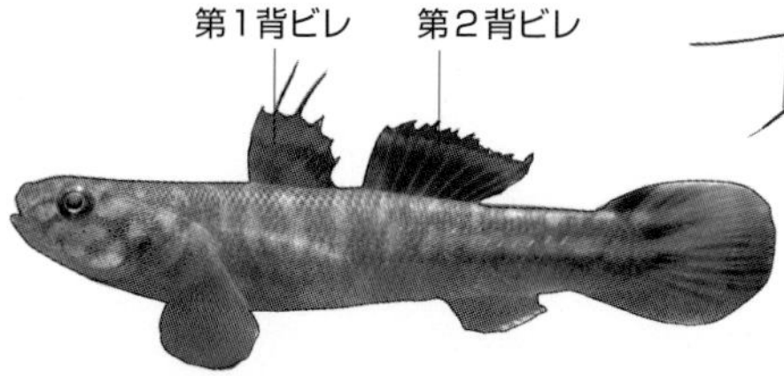

背ビレが２基　カジカ科やハゼ科に多い

ナマズは尻ビレと尾ビレが融合する
ウナギでは背ビレ・尾ビレ・尻ビレが融合する

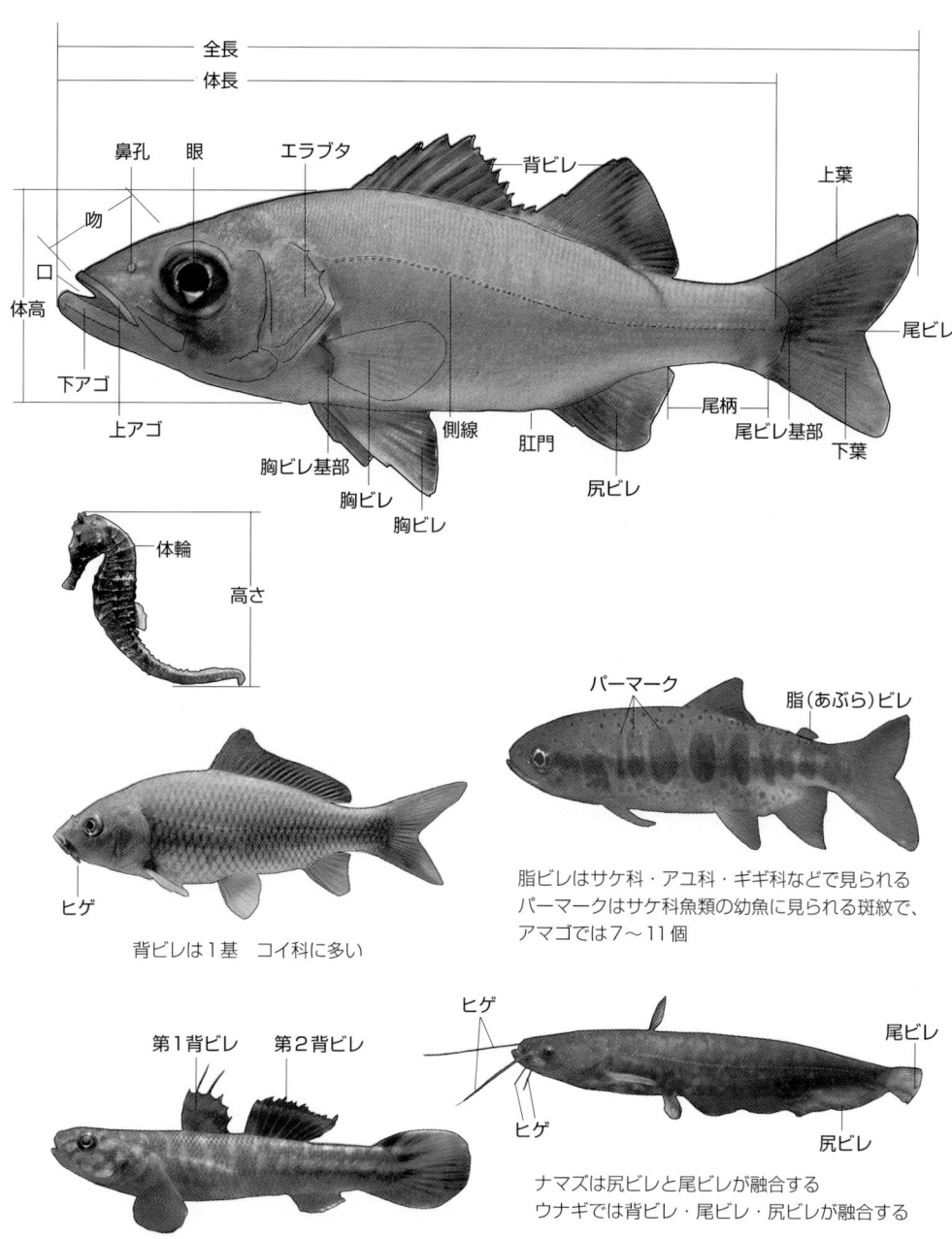

横縞

縦縞

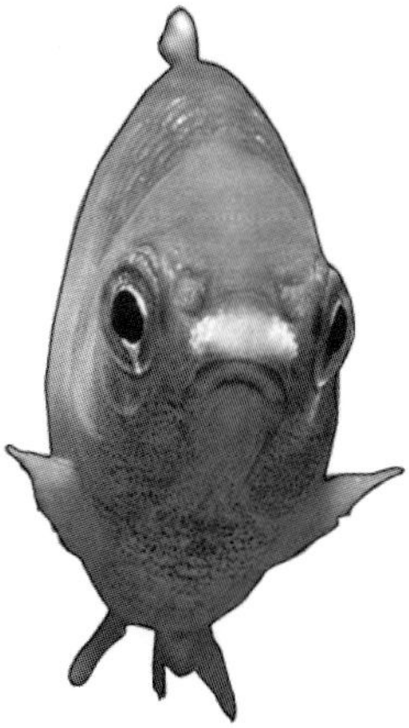

側扁

縦扁

【凡例】

1　本書では、2009 年末現在までに四万十川水系で記録された 199 種の魚類中、148 種を生態写真と簡潔な解説文で紹介した。

2　学名は別掲の主要参考文献の中から、最新と思われるものを採用した。

3　分布については紙面の都合上、離島など一部の地域を割愛した。

4　全長は種ごとの最大記録サイズを示している。

5　生息環境の記述については、可能な限り四万十川水系での観察データを重視した。

6　形態及び生態の記述については、初心者の利用も考慮のうえ、できるだけ平易な表現に努めた。

7　飼育に関する解説は、四万十川学遊館における飼育データを重視した。

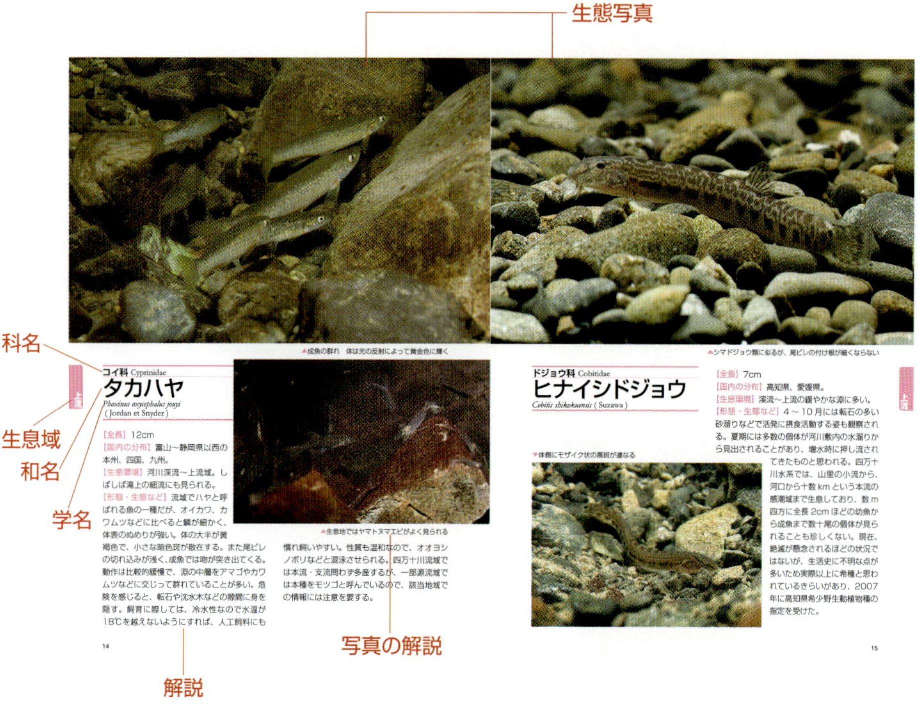

▲成魚の群れ　体は光の反射によって黄金色に輝く

上流

コイ科 Cyprinidae

タカハヤ

Phoxinus oxycephalus jouyi (Jordan et Snyder)

【全長】12cm

【国内の分布】富山～静岡県以西の本州、四国、九州。

【生息環境】河川渓流～上流域。しばしば滝上の細流にも見られる。

【形態・生態など】流域でハヤと呼ばれる魚の一種だが、オイカワ、カワムツなどに比べると鱗が細かく、体表のぬめりが強い。体の大半が黄褐色で、小さな暗色斑が散在する。また尾ビレの切れ込みが浅く、成魚では吻が突き出てくる。動作は比較的緩慢で、淵の中層をアマゴやカワムツなどに交じって群れていることが多い。危険を感じると、転石や沈水木などの隙間に身を隠す。飼育に際しては、冷水性なので水温が18℃を越えないようにすれば、人工飼料にも慣れ飼いやすい。性質も温和なので、オオヨシノボリなどと混泳させられる。四万十川流域では本流・支流問わず多産するが、一部源流域では本種をモツゴと呼んでいるので、該当地域での情報には注意を要する。

▲生息地ではヤマトヌマエビがよく見られる

14

▲シマドジョウ類に似るが、尾ビレの付け根が細くならない

ドジョウ科 Cobitidae

ヒナイシドジョウ

Cobitis shikokuensis (Suzawa)

上流

【全長】7cm

【国内の分布】高知県、愛媛県。

【生息環境】渓流～上流の緩やかな淵に多い。

【形態・生態など】4～10月には転石の多い砂溜りなどで活発に摂食活動する姿も観察される。夏期には多数の個体が河川敷内の水溜りから見出されることがあり、増水時に押し流されてきたものと思われる。四万十川水系では、山里の小流から、河口から十数 km という本流の感潮域まで生息しており、数 m 四方に全長 2cm ほどの幼魚から成魚まで数十尾の個体が見られることも珍しくない。現在、絶滅が懸念されるほどの状況ではないが、生活史に不明な点が多いため実際以上に希種と思われているきらいがあり、2007 年に高知県希少野生動植物種の指定を受けた。

▼体側にモザイク状の黒斑が連なる

15

8　高知県版レッドリストについては 2001 年に公表されているが、必ずしも現実に即していないと思われる部分が少なくないため、今回はあえて掲載を見送った。

9　本書は学術的視点だけに留まらず、観光でこの地を訪れる人や学童の自由研究などにも活用されるよう、これらに関する情報についても極力掲載するよう努めた。

上流

上流の生き物たち

ユキモチソウ

タゴガエル

ヤマトヌマエビ

オオルリ
ムカシトンボ
カワガラス

▲成魚の群れ　体は光の反射によって黄金色に輝く

コイ科 Cyprinidae

タカハヤ

Phoxinus oxycephalus jouyi
(Jordan et Snyder)

▲生息地ではヤマトヌマエビがよく見られる

【全長】12cm
【国内の分布】富山～静岡県以西の本州、四国、九州。
【生息環境】河川渓流～上流域。しばしば滝上の細流にも見られる。
【形態・生態など】流域でハヤと呼ばれる魚の一種だが、オイカワ、カワムツなどに比べると鱗が細かく、体表のぬめりが強い。体の大半が黄褐色で、小さな暗色斑が散在する。また尾ビレの切れ込みが浅く、成魚では吻が突き出てくる。動作は比較的緩慢で、淵の中層をアマゴやカワムツなどに交じって群れていることが多い。危険を感じると、転石や沈水木などの隙間に身を隠す。飼育に際しては、冷水性なので水温が18℃を越えないようにすれば、人工飼料にも慣れ飼いやすい。性質も温和なので、オオヨシノボリなどと混泳させられる。四万十川流域では本流・支流問わず多産するが、一部源流域では本種をモツゴと呼んでいるので、該当地域での情報には注意を要する。

▲シマドジョウ類に似るが、尾ビレの付け根が細くならない

上流

ドジョウ科 Cobitidae

ヒナイシドジョウ

Cobitis shikokuensis (Suzawa)

【全長】7cm

【国内の分布】高知県、愛媛県。

【生息環境】渓流〜上流の緩やかな淵に多い。

【形態・生態など】4〜10月には転石の多い砂溜りなどで活発に摂食活動する姿も観察される。夏期には多数の個体が河川敷内の水溜りから見出されることがあり、増水時に押し流されてきたものと思われる。四万十川水系では、山里の小流から、河口から十数kmという本流の感潮域まで生息しており、数m四方に全長2cmほどの幼魚から成魚まで数十尾の個体が見られることも珍しくない。現在、絶滅が懸念されるほどの状況ではないが、生活史に不明な点が多いため実際以上に希種と思われているきらいがあり、2007年に高知県希少野生動植物種の指定を受けた。

▼体側にモザイク状の黒斑が連なる

▲ナマズの仲間としては頭部が小さい

アカザ科 Amblycipitidae

アカザ

Liobagrus reini Hilgendorf

▲転石が住処となる

【全長】10cm
【国内の分布】宮城・秋田両県以南の本州、四国、九州。
【生息環境】清浄な河川の渓流〜中流域で、転石の多い場所。
【形態・生態など】体色は一様に赤褐色で、特に目立つ斑紋はない。放射状に伸びる8本の口ヒゲをもつ。胸ビレには毒液が出る棘があり、刺されると激しく痛む。その痛みから解放されるまでには、1週間ほどかかるという。夜行性で、日中は転石や流木などの下に潜んでいる。四万十川水系では大半の支流はもちろん、河口から僅か十数km上流の本流でも見られるほど、広範な水域に生息している。ヒナイシドジョウやヨシノボリ類と混生していることが多い。飼育に際しては夏期の水温が18℃を越えないようにし、動物質食性で活きた水生昆虫を好む。人工飼料には慣れにくく、飼育下では冷凍赤虫を与えるとよい。状態のよい飼育個体では、餌を与えると隠れ場所から勢いよく飛び出し、体をくねらせながら敏捷な摂食行動を見せてくれる。

▲最大の特徴は、成魚になってから現れる紅色の縦条

サケ科 Salmonidae

ニジマス

Oncorhynchus mykiss (Walbaum)

【全長】30 ～ 80cm
【国内の分布】九州以北の日本各地。北アメリカから持ち込まれた移入魚。
【生息環境】河川上流や寒冷地の湖など。
【形態・生態など】パーマーク（幼魚時の斑紋）は成長と共に消滅し、エラブタと側線沿いの紅色が明瞭になる。北海道など寒冷地の河川では自然繁殖も知られているが、四万十川水系では放流個体や養殖場から逃げ出した個体が上流域に見られる程度。動物質食性で飼育下では人工飼料にも慣れる。冷水性の種としては高温への耐性が強く、よくエアレーションされていれば水温23～25℃まで生存可能。成長に伴い気性が荒くなり、同種間でも傷つけ合うため狭い水槽での混泳は困難。

▼若魚の群れ

▲特徴的な、腹ビレと尻ビレ前縁の白線

サケ科 Salmonidae

ニッコウイワナ

Salvelinus leucomaenis pluvius (Hilgendorf)

▲底生の水生昆虫を狙う

【全長】25～60cm
【国内の分布】自然分布は山梨県～鳥取県以北の本州。
【生息環境】源流～渓流域。
【形態・生態など】体の大半が緑褐色で、黄色と橙色及び白色の斑点が散在する。完全な動物質食性で昆虫や魚類のほか、両生類や八虫類まで捕食する。四万十川水系では一部の支流に釣り人が放流したと思われる個体が繁殖、同所では在来種であるアマゴの減少が認められるという。飼育に際しては夏期の水温が18℃を越えないようにし、小魚など動物質の餌を与える。また人工飼料にもよく慣れる。サケ科の種としては比較的温和で、体の大きさにあまり差がなければ同種同士の混泳も可能。誤って石を飲み込むことがあるので、敷砂利を使用する際には、砂もしくは口に入らないサイズの石を用いるとよい。

▲パーマークが鮮やかな幼魚

サケ科 Salmonidae

サツキマス・アマゴ

Oncorhynchus masou ishikawae Jordan et McGregor

【全長】サツキマス（降海個体）25 ～ 50cm、アマゴ（残留個体）20 ～ 25cm

【国内の分布】静岡県以西の本州太平洋側、四国、大分県以北の九州瀬戸内側。

【アマゴの生息環境】源流～渓流域。

【アマゴの形態・生態など】幼魚時は体側に暗色のパーマーク（幼魚時の斑紋）が多数並び、背部から体側にかけ朱色の小斑が散在する。成長に伴いパーマークは薄くなる（サツキマスでは体全体が銀白色＝スモルト化、パーマークは目立たなくなる）。幼魚は流れ込みのある淵などに留まって、主に流下してくる昆虫類を捕食する。四万十川水系では本流・支流問わず源流から渓流域で見られ、自然繁殖個体だけではなく、人工繁殖された個体もイベント用などとして盛んに放流されている。飼育に際しては夏期の水温

▼支流で見つけた 25cm オーバーの個体

▲夏、滝壺に群れるサツキマス
（岐阜県長良川）

が 18℃を越えないようにし、動物質の餌を与え、人工飼料にもよく慣れる。丈夫で飼いやすいが、成長に伴い縄張り意識が強くなるので、多種も含め混泳には向かない。なお、四万十川流域では、本種を「アメゴ」と呼んでいる。

▲繁殖期を迎え婚姻色が出たサツキマスのオス

▲アメゴ飯

▲アメゴの姿ずし

▲背ビレを立て、縄張りを誇示するオス

ハゼ科 Gobiidae

オオヨシノボリ

Rhinogobius sp. LD

▼オスの顔　斑紋は色あでやか

【全長】10cm

【国内の分布】北海道を除く各地。

【生息環境】渓流～上流域の転石が多い所。四万十川水系では、支流や二次支流に比較的多産している。

【形態・生態など】ルリヨシノボリと共に四万十川水系産ヨシノボリ類中、最も大形。胸ビレ付け根上方に大きな黒斑があり、他種との区別は容易。四万十川水系では、ルリヨシノボリとよく混生しているが、本種は水深のある場所を好む傾向がある。なお近年、多くの生息地で個体数の減少傾向が認められるが、放置林の増加が河川内の日照不足を招き、餌となるカゲロウ等の水生昆虫が減少したことも関係していると考えられる。飼育に際しては夏期の水温が 20℃を越えないようにし、動物質の餌を与える。

▲胸ビレ付け根に白色帯がある

ハゼ科 Gobiidae

ルリヨシノボリ

Rhinogobius sp.CO

▲頬の青色斑紋は鮮やか

【全長】10cm

【国内の分布】北海道東部及び琉球列島を除く各地。

【生息環境】渓流～上流域の転石が多い所。浅瀬を好む傾向がある。四万十川水系では、海岸近くで流程の短い二次支流によく見られるが、河口から50kmほど遡上した支流からも記録されている。

【形態・生態など】頬に青い斑点があるのが一番の特徴。四万十川水系ではオオヨシノボリとよく混生しているが、本種は瀬の部分に多い傾向がある。本来、稚魚期に降海する習性をもつが、簡単に陸封されるといわれ、四万十川水系においても大きな砂防堰堤の上流側からもよく見出される。飼育に際しては夏期の水温が20℃を越えないようにし、冷凍赤虫など動物質の餌を与える。成熟したオスは小競り合い程度の縄張り争いをする。

▲オス成魚　尾ビレ中央部に斑点がある

ハゼ科 Gobiidae

クロヨシノボリ

Rhinogobius sp.DA

【全長】8cm

【国内の分布】北海道及び本州北部を除く各地。

【生息環境】海に近い谷川や水路などの清流で、転石の多い場所に生息する。

【形態・生態など】オオヨシノボリに似るが、胸ビレ付け根の黒紋を欠く。抱卵した雌の腹は黄色い。四万十川水系では現在確実な生息地は知られていないが、周辺では渓流の形状を保ったまま海に注ぐ流程の短い河川に多い。瀬の部分を好むルリヨシノボリとよく混生しているが、本種は淵の部分に多い。希にシマヨシノボリとオオヨシノボリと混生している河川も知られる。飼育に際しては、ルリヨシノボリと同様でよいが、白点病に弱い傾向がある。

▼淵で群れていることが多い

▲いくつかの地域変異が知られている

ハゼ科 Gobiidae

カワヨシノボリ

Rhinogobius flumineus (Mizuno)

▲四国産個体には胸ビレ付け根に弓状斑がある

【全長】6cm

【国内の分布】富山～静岡両県以西の本州、四国、九州北部、長崎県の対馬および五島列島福江島。

【生息環境】渓流～上流域で、比較的流れの緩やかな、転石の多い浅瀬を好む。

【形態・生態など】四万十川水系産ヨシノボリ類中の最小種で、頬に小さな暗色斑が広がる。一生を淡水中で過ごし、四万十川水系では支流を含め、河口から40kmほど遡上した付近から普通に見られるようになる。源流域ではしばしばオオヨシノボリと混生するが、本種は浅瀬を好み、淵を好むオオヨシノボリとはかなり明瞭な棲み分けが認められる。飼育に際しては夏期の水温が 20℃を越えないようにし、冷凍赤虫など動物質の餌を与えれば丈夫で飼いやすい。ヨシノボリ類のオスは成熟すると縄張り意識が強くなるので、それぞれに隠れ処となる石などを置いてやるとよい。

中流

中流の生き物たち

トサシモツケ・トラフシジミ

カワセミ

カワラバッタ

キシツツジ

オナガサナエ

ヤマトテナガエビ

▲四万十川では様々な伝統漁法によって採捕される

中流

ウナギ科 Anguillidae

ウナギ

Anguilla japonica Temminck et Schlegel

▲幼生期の長い海旅の末、シラスウナギとなって川にたどり着く

【全長】 1ｍ
【国内の分布】北海道以南。
【生息環境】中流～下流域の転石の多い場所。湖や池沼にも入る。
【形態・生態など】頭部は三角形、体形は細長くぬめりが非常に強い。体の大半が暗褐色、腹部は白色で成長に伴い黄色味が増す。背ビレと尻ビレは尾ビレに融合する。稚魚期を海域で過ごし、全長５cm程に成長した一般に「シラス」と呼ばれる幼魚が河川内への遡上を始める。かつては水田地帯を潤す小川や、街中の小溝でもその姿が見受けられたが、現在では昔話の域を出ない。河川内に入った個体は、岩や転石などの隙間に身を隠しながら、小魚やエビなどを貪欲に捕食して成長する。常温で飼育でき、魚の切身など動物質の餌を与える。また、人工飼料にも慣れる。やや気の荒い面があり、特に同種同士や、本種のように川底で生活する種とでは傷つけ合うことがあるので注意する。オオウナギと同様、飼育環境が変化した時などに水槽から這い出ることがあるので、しっかりとしたフタが必要。

▲柴漬け漁　笹などの束を沈めておき、入り込んだウナギやエビを捕る

▲柴漬けで捕れたウナギ

▲イシグロ漁　石積みの間に隠れたウナギを捕る

▲1.5mほどの成魚

ウナギ科 Anguillidae

オオウナギ

Anguilla marmorata Quoy et Gaimard

▲幼魚時より体全体に褐色の斑紋がある

【全長】2m

【国内の分布】関東以南の日本各地、南西諸島に多い。

【生息環境】清浄な河川の上流～中流の転石が多い部分。

【形態・生態など】幼魚時の体形はウナギと大差がないが、成長に伴って太さが増す。体色は淡黄色地に不規則な褐色斑が散在する。ただし、腹部は黄白色。体斑の特徴から、四万十川流域ではゴマウナギと呼ばれ、一般には食用とされない。飼育に際しては、南方種なので冬期の水温が15℃を下回らないよう注意する。動物質食性で、小魚のほかエビ・カニ類も好み、飼育下では水面から身を乗り出して魚の切身を受け取るほどよく馴れる。また、長時間休む時には仰向けになる習性がある。飼育水槽の交換など、環境が変わるとよく脱走するので、しっかりとフタをする必要がある。縄張り意識が強く攻撃的なので、同種を含め混泳は不可。

▲黄金色に輝く野ゴイの成魚

コイ科 Cyprinidae

コイ

Cyprinus carpio Linnaeus

【全長】 1 mを超える。

【国内の分布】 日本全土。野生型（野ゴイ）は関東平野、琵琶湖淀川水系、岡山平野、四万十川などが知られている。

【生息環境】 主に、中～大河川の淀みや深みのある池沼など。

【形態・生態など】 体色は光沢のある黒褐色。四万十川水系に生息する、体形の細い「野ゴイ」と呼ばれる個体群は、河川美化の名目で放流された錦鯉やドイツゴイ等との交雑が進み、ほとんど見られなくなってしまった。幼魚は群れで活動し、フナ類の群れに交じっていることが多い。増水時に水田に遡上して産卵する習性があることから、幼魚は灌漑用水路でも多数見出される。常温で飼育でき、人工飼料にもよく慣れ、飼いやすい。

▼泥底を好む

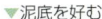

▲冠水した田んぼに入り、多くは畦の草むらに産卵する

中流

▲早春、淵に群れるコイをヤスで突く

▲投網でコイを捕獲。目当てはメスで、伝統料理のこもぶりをつくる

▲コイのこもぶり料理　卵を焦がさないように煎り、切身とまぶして食べる

▲繁殖期メス（左端）に追尾するオス

コイ科 Cyprinidae

ゲンゴロウブナ

Carassius cuvieri Temminck et Schlegel

中流

【全長】40cm

【国内の分布】琵琶湖・淀川水系原産。現在、移殖により全国各地に分布する。

【生息環境】池沼、河川の流れの緩やかな所、ダム湖にも多い。

【形態・生態など】フナ類では最も体高があり、頭部から続く背部が著しく盛り上がる。側線より上の体側に数本の暗色縦条が走る。他のフナより鰓耙《さいは》数が著しく多く、泥と一緒に吸い込んだ植物プランクトンをこしとって食べるのに適している。産卵は春、大雨で冠水した水田などで行われ、1尾のメスを複数のオスが追尾し、放卵と合わせるように一斉に放精する。卵は植物などに付着し、水温20℃では4～5日でふ化する。飼育に際しては、アユ用など植物質の配合飼料を好み、おとなしい魚との混泳に適している。ヘラブナは本種の品種改良。

▼産卵の瞬間は水しぶきがあがるほど激しい

▲砂泥中に潜む底生動物などをエラでこしとって食べる

コイ科 Cyprinidae

ギンブナ

Carassius auratus langsdorfii Cuvier et Valenciennes

▲体高は尻ビレ近くから急にすぼむ

【全長】30cm
【国内の分布】日本各地。
【生息環境】池沼や溝川など様々な水域に生息、泥底の環境を好む。
【形態・生態など】いわゆるフナ体形で、体高は尻ビレ辺りで急に細くなる。体色は褐色がかった銀白色。春から夏にかけ、大雨後の増水時に田んぼや湿地などで産卵する。オスが少なく、他の魚の精子で容易に発生するという特異な性質をもつ。ただし、その精子は卵の核に入ることはなく、発生のきっかけを与えているだけで、産まれた子はメス親だけの形質を受け継いでいる。このような繁殖を「雌性発生」という。このことを裏づけるように、コイが産卵を行った田んぼで本種のメスが観察されている。通常は群れで生活し、厳冬期には岸際の深みなどで身を寄せ合ってじっとしていることが多い。雑食性で、飼育に際しては人工飼料にも慣れ、丈夫で飼いやすい。

▲流れの緩やかな川岸近くを群れで泳ぐ

▲ミミズで釣るフナのほとんどは本種

▲清流を好むフナ

コイ科 Cyprinidae

オオキンブナ

Carassius auratus buergeri Temminck et Schlegel

▲典型的な形態を示す個体

【全長】 30cm

【国内の分布】 信越～中越地方以西の本州、四国、九州。

【生息環境】 清浄な河川の上流～中流域の淀みに多い。

【形態・生態など】 典型的な個体はギンブナに比べ体高が低く、背ビレの長さが短い。また体色の赤褐色味が強いなどの違いがある。ただ、四万十川本流では、典型的形質を示す個体は多くはなく、本種とギンブナの中間的形態を示す個体が少なくない。生息地ではカワムツやウグイなどに交じって群れていることが多く、驚くと岸の窪みなどに逃げ込むが、ギンブナほど神経質ではない。夏期には浅瀬でも見られるが、厳冬期には深みでじっとしていることが多い。飼育に際しては、上流を主な生息域としているため水温は夏期でも25℃を越えないようにしたい。人工飼料にも慣れ非常に飼いやすいが、気の荒い魚との混泳は不可。

▲タナゴの仲間は、二枚貝に産卵する習性がある

コイ科 Cyprinidae

ヤリタナゴ

Tanakia lanceolata (Temminck et Schlegel)

【全長】 10cm
【国内の分布】 北海道と南九州を除く日本各地。
【生息環境】 砂礫底の緩い流れ。灌漑用の水路にも多い。
【形態・生態など】 フナに似るが、より扁平で1対の長い口ヒゲをもつ。通常時の体色は一様に銀白色、背ビレと尻ビレの一部が朱色で、オスはより鮮明となる。四万十川水系では岸近くの浅場に多く、幼魚・成魚共に群れで行動する習性が強い。基本的に常温で飼育でき、人工飼料にも慣れ、飼いやすい。

▼産卵管が伸びたメス（左）をオスが貝に誘う

▲吻部に白い追い星が出たオス

コイ科 Cyprinidae

ハクレン

Hypophthalmichthys molitrix
(Valenciennes)

▲中国五家魚の1つ

【全長】1m
【国内の分布】中国大陸原産で、東北地方から九州までの日本各地に移殖されている。この内、霞ヶ浦や利根川水系などで自然繁殖も確認されている。
【生息環境】大河川の下流域及び、これと繋がる湖沼や水路など。
【形態・生態など】体色は幼魚・成魚共に大半が銀白色。類似種にコクレンがあるが、目の位置がコクレンより高い。音に対し敏感で、驚くと水面高く飛び上がる習性がある。常温での飼育が可能で、人工飼料にも慣れるが、成長はきわめて遅い。また、性質は温和というよりむしろ臆病なほどで、気の荒い魚との混泳は不可。四万十川水系では、1970 年代半ばに支流の中筋川で採集された全長約 60cm の個体が唯一の記録。琵琶湖産アユ放流の際に混入していた個体と考えられる。

コイ科 Cyprinidae

ハス

Opsariichthys uncirostris uncirostris
(Temminck et Schlegel)

▲四万十川ではアユのシャビキ漁で混獲されることがある

【全長】30cm
【国内の分布】自然分布は琵琶湖淀川水系、福井県三方湖。
【生息環境】四万十川では主に中流域の砂礫床の緩流部で見られる。
【形態・生態など】オイカワに似るが、より大形になり、体全体がやや扁平で口が「へ」の字型をしていることなどで区別できる。また、オスの婚姻色はオイカワほど濃くはならない。四万十川では、かつての琵琶湖産アユ放流時に混入した個体が繁殖していると考えられ、幼魚の生息も確認されている。飼育に際しては夏期の水温が 25℃を越えないようにする。日本産コイ科中で唯一の魚食性だが、人工飼料にも慣れる。同種も含め、口に入らないサイズの他魚との混泳は可能だが、スレに弱く、僅かな傷からワタカビ病を発症することがある。

▲群れる若魚

コイ科 Cyprinidae

オイカワ

Zacco platypus (Temminck et Schlegel)

【全長】15cm

【国内の分布】自然分布は北陸～関東以西の本州、四国瀬戸内側、九州。現在は移殖によって東北地方や四国太平洋側でも見られる。

【生息環境】主に砂礫底の中流～下流域。水田地帯の用水路や、透明度の高い池沼にも生息する。

▼オスの婚姻色　色鮮やかで虹色に近い

【形態・生態など】典型的なハヤ体形。通常の体色は背部が淡褐色で、側面は全体に銀白色、吻端は朱を帯びる。成長につれ尻ビレが伸長し、繁殖期のオスは鮮やかな婚姻色に身を包む。四万十川産個体は、昭和初期に茨城県霞ヶ浦から取り寄せたワカサギの卵に混入していたものが増殖したと考えられている。肝心のワカサギが定着しなかったため、かつては本種をワカサギと誤認する人が多かった。現在、カワムツと並び大半の支

▲オスはメス（手前）を抱き込むようにしながら体を激しく震わせ産卵する

流でも見られる普通種となっている。飼育に際しては、夏期の水温が25℃を越えないようにすれば人工飼料にも慣れ、飼いやすい。

【繁殖行動】産卵期は５～８月で、砂と小砂利が交じり合う浅場で行われる。オスは産卵場所付近で徘徊してメスを誘引する。この際、近寄ってきた他のオスを追い払う行動が観察される。産卵の瞬間は寄り添ったペアが小刻みに体を震わせながら砂礫底に沈んでいく。この時、長大なオスの尻ビレをつたって卵が砂礫中に埋没する。

▲オイカワの受精卵　２～３日でふ化する

◀オイカワの稚魚

▲婚姻色の出たオス（右）と若魚　四万十川水系では最も個体数が多い種の１つ

コイ科 Cyprinidae

カワムツ

Zacco temminckii (Temminck et Schlegel)

【全長】20cm

【国内の分布】石川県〜静岡県以西の本州、九州、四国。

【生息環境】清浄な河川渓流〜中流域で、水際にヨシなどが生育する深みや淵など、比較的流れの緩やかな部分に多い。稚魚はさらに水流の弱い淵に群れていることが多い。

▼体側中央に幅広の濃紺縦条が走る

【形態・生態など】典型的ハヤ体形。瞳の上方と背ビレ前縁の一部が赤い。本流・支流はもちろん、渓流域から水田地帯の用水路まで、他種多様な流水でその姿を見ることができる。群れで行動する習性が強く、上流域ではタカハヤなどと、中流域ではヤリタナゴなどとよく混生している。飼育に際しては、夏期の水温が 25℃を越えないようにすれば人工飼料にも慣れ、飼いやすい。ただし、飛び出しには注意。

コイ科 Cyprinidae

ソウギョ

Ctenopharyngodon idellus (Valenciennes)

▲若魚　大食漢で成長は早い

【全長】1m

【国内の分布】中国原産。移殖によって、東北地方から九州に至る多くの河川や湖沼で見られる。

【生息環境】河川下流域や水深のある溜池など。

【形態・生態など】コイをほっそりとさせたような体形だが、頭部が丸く口ヒゲはない。体色は全体に褐色、背面は青味を、腹部では白色味を帯びる。四万十川水系では上流地域の溜池に除草目的で放流されており、増水などで逃げ出したと思われる個体が本流からも発見されている。常温で飼育でき、水生植物などを好んで食べる習性から「草魚」と命名されてはいるが、飼育下では魚の切身など動物質の餌もよく摂食する。性質は温和で、同サイズの温和な魚となら混泳可能。ただし、驚いた時などの「飛び出し」には注意したい。最近では、体色が白桃色で眼が赤いアルビノ個体も観賞用として出回っている。

コイ科 Cyprinidae

ムギツク

Pungtungia herzi Herzenstein

▲縦条が明瞭な若い個体

【全長】15cm

【国内の分布】福井県〜三重県以西の本州、四国の香川県と徳島県、九州北部。

【生息環境】河川上流〜中流域で、比較的流速のある、転石の多い淵などに多い。

【形態・生態など】体形はモツゴに似るが、口先はさらに細く突き出し、1対の口ヒゲをもつ。体側には、吻から尾ビレにかけて幅広の黒色縦条が走る。ただし、老個体では不明瞭になる。背面は全体が淡い褐色。群れで行動する習性が強く、カワムツやオイカワなどと混生していることも多い。常温での飼育が可能で、人工飼料にも慣れ飼いやすい。温和なので同サイズのおとなしい種との混泳も問題ない。四万十川では近年になって記録されたが、同水系における生息数などの詳細については不明。

▲餌を求め集まってきた群れ

コイ科 Cyprinidae

ウグイ

Tribolodon hakonensis (Günther)

▼四万十川で最もポピュラーな魚の一種

【全長】40cm

【国内の分布】四国瀬戸内側の一部と、琉球列島を除く日本各地。

【生息環境】清流の中流域を中心とする、上流から下流に至る転石の多い淵など。

【形態・生態など】いわゆるハヤ体形で、頭部は細長く突き出る。特に四万十川水系産個体では、成長に伴い吻が天狗の鼻のように突き出るという、他水系産個体には見られない地域差がある。また、産卵期の婚姻色にも四万十川水系産では腹側の赤色条が細く、発色も弱い等の地域変異が認められる。四万十川水系産ウグイには降海する個体が多いが、降海型では腹側の婚姻色が細く薄いことが知られており、その関連性も推測される。生息水域ではカワムツやオオキンブナなどと混生していることが多いが、より警戒心が強

▲吻が伸びた、四万十川水系産個体

い。危険を察知すると転石の隙間や物陰に素早く身を隠すことが多く、オイカワやカワムツなどのように中層を右往左往して逃げ回ることは少ない。繁殖期は春で、大形の個体ほど早い時期に、かつ本流のやや深みで行うことが川漁師の間で知られている。その後、季節の推移に伴い、各支流でも産卵行動が見られるようになる。四万十川上流域では食用として利用されており、産卵に集まったところを投網で捕獲したり、冬期には群れが潜む淵の岩陰に、イタチの皮を取り付けた竹竿を差し込んで追い出す、ユニークな「イタチ漁」も行われる。飼育に際しては、夏期の水温が 25℃を越えないようにすれば人工飼料にも慣れ、同サイズの温和な種との混泳も支障ない。ただし、本種の口に入るサイズの個体では食べられてしまうことがあるので注意したい。よく飛び出るのでしっかりとしたフタをしておく必要がある。ちなみに、四万十川流域ではウグイのことを「イダ」と呼んでいる。

▲四万十川水系産ほど吻が伸びない関東地方産個体

▲産卵　地元では「イダが立つ」と表現する。下流の個体では婚姻色が明瞭でないことが多い

▲受精卵

▲婚姻色が鮮やかな中部地方産個体

▲幼魚の群れ

▲ウグイのイタチ漁　岩陰で冬眠するウグイをイタチの皮で追い出し、仕掛けた刺し網で捕獲する伝統漁法

▲竿の先にイタチの毛皮を取り付ける。イタチの臭いを嫌うウグイには新鮮なほど効果的

▲刺し網に掛かったウグイを外す

▲イダの日干し

▲群れで行動することも多い

コイ科 Cyprinidae

モツゴ

Pseudorasbora parva (Temminck et Schlegel)

【全長】8cm

【国内の分布】自然分布は関東以西の本州、四国、九州。移殖により現在は全国で見られる。

【生息環境】植生の豊かな池や沼、溝川など。護岸されていない水田の用水路でも見られる。

【形態・生態など】いわゆるハヤ体形。細身でウケ口という特徴から「クチボソ」との異名がある。口元から尾ビレにかけて、体側に幅広の濃紺縦条が走る。四万十川水系では砂利底で流速のある本流よりも、河川敷に散在する大小の水溜りや、勾配がより緩やかな支流域に多い。なお、上流域の一部では、タカハヤをモツゴと呼んでいることが多く注意を要する。常温での飼育が可能で、人工飼料にも慣れ飼いやすい。同サイズの温和な魚となら混泳も可能。

▼繁殖期のオス（右）とメス
オスの吻部には白い追い星が現れる

コイ科 Cyprinidae

タモロコ

Gnathopogon elongatus elongatus
(Temminck et Schlegel)

▲通常は群れで行動する

【全長】 10cm

【国内の分布】 本州、四国、九州。関東より北の本州及び九州のものは、移殖と考えられている。高知県では四万十川水系と、隣接する黒潮町の蛎瀬《かきせ》川だけが知られている。

【生息環境】 砂礫底の清流を好むが、堰き止め池など、汚染の少ない止水域にも見られる。

【形態・生態など】 モツゴに似るが、頭部の丸みが強く、全体的に少しずんぐりした印象を受ける。側線に沿って太い暗色縦条があり、その上縁に沿って金緑色条が走る。通常は緩やかな淵でカワムツやウグイなどの群れに交じって泳いでいることが多いが、初夏から梅雨期の増水時には産卵のため水田地帯の用水路など細流に入ってくる。飼育に際しては、夏期の水温が25℃を越えないようにすれば人工飼料にも慣れ、飼いやすい。

コイ科 Cyprinidae

カマツカ

Pseudogobio esocinus esocinus
(Temminck et Schlegel)

▲口にはヒゲが 1 対ある

【全長】 20cm

【国内の分布】 本州、四国、九州、長崎県の壱岐。四万十川のものは移殖。

【生息環境】 砂礫底の清流に多い。

【形態・生態など】 馬面でハゼ科の一種を思わせる体形をしている。全身が黄褐色で、細かな暗色斑がモザイク状に広がる。川底を這うように少しずつ移動しながら底生動物などを摂食するが、危険を察すると一気にその場から泳ぎ去るか、または素早く砂の中に潜って姿を隠す。以前は中流域（四万十町付近）を中心に増殖していたが、近年では河口から上流 10km ほどの下流域でも多数見られるようになっている。飼育に際しては夏期の水温が 25℃を越えないようにする。人工飼料にも慣れ、温和なので同サイズの魚との混泳も可能。ただし、大食漢なので底掃除役程度に扱うと痩せてしまうので注意したい。

▲口ヒゲが長く、瞳の径を超える

コイ科 Cyprinidae

コウライモロコ

Squalidus chankaensis subsp.

【全長】15cm

【国内の分布】本州の濃尾平野と和歌山県〜広島県にかけての瀬戸内側。及び四国の吉野川。四万十川水系のものは移殖。

【生息環境】砂もしくは砂泥底の中流〜下流域。

【形態・生態など】体全体が光沢のある淡褐色で、背面には不規則な黒斑がある。また、エラの後縁から尾ビレにかけ、小黒斑に分断され金緑色条が走る。主に群れで行動し、驚くと素早く砂の中に潜る。四万十川では1990年代までは中流域で増殖していたが、近年では河口から上流十数kmまで多産するようになった。これは、河床が砂礫底から砂底へと変化しているものと推察される。飼育に際しては夏期の水温を25℃までとする。人工飼料にも慣れ、温和な種との混泳に向く。

▼タモロコに似るが、よりほっそりしている

▲体色は環境によって若干異なる

ドジョウ科 Cobitidae

ドジョウ

Misgurnus anguillicaudatus (Cantor)

▲オスがメスを巻き込んで産卵する瞬間に「キュ」という音がする

【全長】15cm

【国内の分布】日本全国で見られるが、自然分布は本州、四国、九州。

【生息環境】泥深い池沼、溝川など。湿田やコンクリート護岸されていない水田の用水路などにもしばしば多産する。

【形態・生態など】体形は細長く、5対の口ヒゲをもつ。尾ビレはウチワ状で、体表はぬめりが強い。体色は背中側が褐色で、腹側は黄褐色。頭部から尾ビレにかけて濃褐色の不規則な斑紋が散在する。通常は泥の中に潜み、腸呼吸の際に水面まで姿を見せる。驚いた時など、体を左右にくねらせ素早く泳ぎ去ることもある。春から初夏の増水時に産卵のため水田に入り、幼魚は梅雨期に多い。常温で飼育でき、人工飼料にも慣れ飼いやすい。おとなしい種となら、底掃除役として混泳も可能。スレに弱いので、角がない丸みのある砂利を底敷として利用するとよい。

ギギ科 Bagridae

ギギ

Pseudobagrus nudiceps Sauvage

【全長】30cm

【国内の分布】自然分布は、中部地方以西の本州、四国の徳島県と高知県の一部。

【生息環境】水生植物草が多生する砂泥底の河川中流域。

【形態・生態など】４対の口ヒゲをもち、体色は一様に黒褐色。飼育に際しては夏期の水温が25℃を越えないようにし、動物質の餌を与えるが人工飼料にも慣れる。幼魚は温和だが、成魚は他魚のヒレを齧ることがある。四万十川では1980年に中流域で川漁師による少数の捕獲報告があるだけ。

▼昼間は岩陰や水草の隙間に潜んでいることが多い

▲幼魚　明瞭な淡色の横縞がある

カダヤシ科 Poeciliidae

カダヤシ

Gambusia affinis (Baird et Girard)

【全長】♂3cm、♀5cm

【国内の分布】北米原産で、日本には1916年に台湾経由で移入され、徳島県内での繁殖個体がボウフラ退治を目的として全国に広まった。

【生息環境】池沼、溝川のほか市街地を流れる水路にもよく住み着いている。基本的には止水域を好む。

【形態・生態など】メダカに似るが卵胎生魚で、卵ではなく仔魚を産む。そのためオスの尻ビレがゴノポディウムという交尾器になっている。在来種のメダカを駆逐するなど、本来の生態系に悪影響を与えていることから、2005年7月付けで「特定外来生物」に指定されており、捕獲移動や飼育の際には国の許可が必要。四万十川水系では、四万十市市街地の水路で細々と世代をつないでいる程度。

▼オスに比べメスの体格が極端に大きい

▲成長に伴い、下アゴのヒゲは 2 対となる

ナマズ科 Siluridae

ナマズ

Silurus asotus Linnaeus

【全長】 60cm
【国内の分布】 北海道南部以南の日本各地。
【生息環境】 池沼、河川中流～下流域で、沈水木など隠れ場所が多い区域。
【形態・生態など】 頭部が大きく、胴体は尾ビレに向かってすぼまる。体色は黒褐色と黄褐色のまだら模様。夜行性で、他の魚やカエルなどを貪欲に捕食する。四万十川での繁殖期は 5 ～ 6 月、大雨で冠水した水田でコイと共に産卵することが観察される。産卵はオスがメスに巻きついて行われ、水温 22℃では 45 ～ 60 時間でふ化する。仔魚は全長 3 ～ 4cm 程に成長した後、増水を利用して川に戻る。飼育に際しては基本的に小魚などの活きた小動物を好むが、人工飼料にも慣れる。同サイズの魚となら混泳も可能。

▲受精卵は緑色味がかる

▲幼魚期にはヒゲが 3 対ある

▲約 1m^2 の広さを縄張りとしてもち、1日の餌をまかなう

アユ科 Plecoglossidae

アユ

Plecoglossus altivelis altivelis Temminck et Schlegel

【全長】30cm

【国内の分布】北海道西部以南から南九州までの日本各地。

【生息環境】中流域を中心に、流れのある瀬を好む。

【形態・生態など】いわゆるハヤ体形だが、サケ目の種であることから背ビレ後方に脂ビレをもつ。体色は背面が緑褐色で、腹部は銀白色。成長に伴い胸ビレ基部後方に黄色の斑紋が浮き出る。四万十川での幼魚遡上は、早い個体で２月下旬頃から、以降５月下旬まで続く。早い時期に遡上する個体は大形で、５月には縄張りをもつものが見られる。また、このような個体は最上流部まで遡上するという。かつてアユの幼魚は川岸を帯のように連なって遡上したというが、残念ながら現在ではそのような光景を見ることはできな

▼もっぱら石に付着した藻類を両唇で削ぎ取るように食む

▲春、遡上する群れ　小さいながらも小石を食みながら遡上を続ける

▲縄張り争い　追いかけているのが縄張りをもつアユ

い。昼間は縄張り内でもっぱら石に付着した藻類を食み、侵入してきた他のアユを盛んに追い払う。8 月頃までに全長が 20cm 以上に成長したアユは、産卵のため大雨後の増水で川を下ることが多い。この「下りアユ」には、投網・火振り（火光利用）・瀬ばり・しゃびきなどの漁が待ち構えている。川漁師によると、下りアユは一旦汽水域まで流下するという。その時、川風にのって「キュウリ」の臭いが広がり、アユの流下に気づいたという。最大の産卵場所は毎年ほぼ決まっており、近年は感潮域上限となる中村百笑《どうめき》あたりとされる。かつては浅瀬で体をむき出しにして産卵する姿が昼夜問わず観察されていたが、個体数減少に伴って現在では、深みで散発的に行われているらしい。小石などに産みつけられた卵は 12 ～ 20℃では 2 週間ほどでふ化、仔魚は直ちに海に下る。通常、産卵後のアユはほどなく死んでしまうが、水温の高い四万十川では年内に産卵することなく、越冬する個体もあるといわれる。20 年ほど前、当時の川漁師が「昔に比べ四万十川のアユは 1/3 に減った」と嘆いていたが、流域で暮らす人々の生活様式の変化に伴う自然環境の荒廃や、温暖化に伴う気象変化なども加わり、現在はさらに深刻な状況にあるということは想

▲１尾のメスに数尾のオスが割り込んできて産卵する

▲受精卵　粘着性があり小石に付着する

▲発眼卵　後期になると仔魚が体を動かす

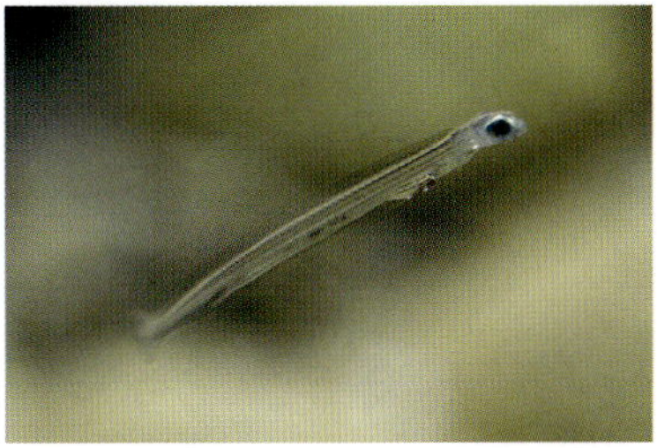

▲ふ化した仔魚は流されながら海に出る

像に難くない。飼育に際しては、水温が 25℃を越えると弱って死んでしまうことが多い。人工飼料に慣れ、飼いにくくはないが、縄張占有性が強く、オイカワ、カワムツなどの類似体形の魚を激しく追い立てることがあり、混泳相手には形態も生態も全く異なるハゼ類などが適している。基本的に１年魚。

▲長良川が共釣りの川だとしたら四万十川は投網の川だと言えるほど盛ん

▶投網に掛かったアユ

▲火振り漁　たいまつで捕獲することは少なくなった。代わってカーバイトやバッテリーライトでアユを追う

▲アユめし

◀アユのせごし

▲多くの地方名があり、四万十川では「メイタゴ」とも呼ばれる

メダカ科 Adrianichthyidae

メダカ

Oryzias latipes (Temminck et Schlegel)

▼産卵　オス（手前）が背ビレと尻ビレでメスを抱き込むように行われる

【全長】4cm

【国内の分布】日本各地。北海道のものは移植。

【生息環境】水田地帯の用水路、溜池など。

【形態・生態など】口は著しく上向き。地域変異が多く、四万十川水系では背ビレ・尾ビレの縁が鮮やかな橙色で、ヒメダカと黒メダカの中間的体色をしている。通常は群れで行動しているが、摂食時などには小競り合いも見られる。近年、メダカの生息環境が減少、レッドリスト種にも選定された。しかし、炎天下の水溜りや汽水域でも見られるほか、しばしば相当量の家庭排水が流入する下水路からも見出される。また、人工繁殖の容易な小形種であり、ビオトープなどを整備すれば、その保護は決して難しいものではない。常温で飼育でき、人工飼料にもよく慣れ、繁殖も容易。

▲川底の石に化けたカマキリ

カジカ科 Cottidae

カマキリ（アユカケ）

Cottus kazika Jordan et Starks

【全長】20cm
【国内の分布】神奈川県～秋田県以南の本州、四国、九州。
【生息環境】河川上流～中流域の転石が多い早瀬を好む。
【形態・生態など】頭部は丸く、口と胸ビレが大きい。3月上旬頃、海域で育った全長1cmほどの幼魚が河川内に遡上してくる。川底の転石に体を密着させ、獲物をじっと待ち伏せする習性から「石化け名人」との異名もある。幼魚は四万十川の伝統漁法であるゴリ（ヌマチチブ）の「のぼり落としうえ漁」でしばしば混獲される。飼育に際しては夏期の水温が20℃を越えないようにし、活魚や活エビなどを与えるとよい。別名のアユカケとは、エラブタの棘でアユをひっかけて食べるという俗説からきている。四万十川流域では「アイキリ」と呼ばれているが、同様の意味。

▲幼魚　ヌマチチブの遡上と同時期に海から遡上する

▲エラの縁にある黒青色の斑紋が和名の由来

サンフィッシュ科 Centrarchidae

ブルーギル

Lepomis macrochirus Rafinesque

▼ブルーギル（手前）とオオクチバスが混泳
四万十川の悲しい現実

【全長】 25cm

【国内の分布】 1960 年にアメリカ・ミシシッピー川産の個体が日本に移入され、現在では各地で繁殖している。

【生息環境】 水生植物が多生する池沼や河川の淀みなど。汽水域でも見られる。

【形態・生態など】 体高は成長に伴い高くなる。群泳性が強く、中層を漂うように遊泳する。濁り水に好んで近寄ってくるほど好奇心が強い。四万十川水系では 1970 年代に、支流・広見川周辺の溜池からの逸脱個体が繁殖したと考えられ、現在では中下流部で大増殖している。他魚の卵を捕食する習性から在来魚種存続に悪影響を及ぼすとして、2005 年 1 月付けで国の「特定外来生物種」に指定され、無許可での移動や飼育が厳しく制限されている。

▲別名ブラックバス。日本での生息には賛否両論がある

サンフィッシュ科 Centrarchidae

オオクチバス

Micropterus salmoides (Lacepède)

▲アゴが外れんばかりに口を開いて獲物を飲み込む

【全長】50cm

【国内の分布】北米原産。1925 年の神奈川県芦ノ湖を皮切りに、ルアー・フィッシング好対象魚としての無秩序な放流によって全国各地に広まった。四万十川水系では 1980 年代、本流の中流域に放たれたのが始まりとされ、今日では本流中流～下流域は元より、多くの支流や溜池でも見られるようになっている。

【生息環境】池沼、河川の淀みなど。よく澄んだ水域を好む。

【形態・生態など】体形はスズキに似る。全身がくすんだ黄緑色で、体側に不規則な縦条が走る。典型的な魚食種であり、旺盛な食欲で在来の魚類や甲殻類を根絶やしにするほどの生態系破壊を各地で招いている。このためブルーギルと共に 2005 年 1 月付けで国による「特定外来生物種」の指定を受け、無許可での移動や飼育が厳しく制限されている。

▲産卵の瞬間　この後オスが卵を守る

中流

ドンコ科 Odontobutidae

ドンコ

Odontobutis obscura (Temminck et Schlegel)

【全長】20cm

【国内の分布】愛知県～新潟県以南の本州、四国、九州。

【生息環境】水田の用水路や溝川、池沼など水流が緩やかな水域。河川では、岸に近いツルヨシ群落周辺に多い。砂利底より砂泥底を好む。

【形態・生態など】体色は黄褐色地に暗褐色のまだら模様がある。頭部が大きく下アゴが突き出る。四万十川水系では渓流域から中流域にかけてだけではなく、堰き止め池や水田地帯を流れる水路まで広範な水域で見られる。通常は転石の隙間などに潜んでおり、近づいてきた小魚などを捕食する。常温での飼育が可能で、活きた魚やエビを好む。混泳は難しい。四万十川流域で「ゴソ」と言えば本種を指していることが多い。

▼夜間にも岸寄りの浅瀬で獲物を狙うことがある

▲四万十川では、河口から 40km 上流でも見られる

カワアナゴ科 Eleotridae

カワアナゴ

Eleotris oxycephala Temminck et Schlegel

▲下アゴには白色斑がある

【全長】 25cm

【国内の分布】 栃木県以南の本州太平洋側、四国、九州、屋久島。

【生息環境】 河川下流～汽水域。砂礫底で、倒木や転石など身を隠せるものが多い所。

【形態・生態など】 四万十川水系産カワアナゴ属中で最も細長く、頭部が尖る。また、尾ビレ付け根に明瞭な黒斑がない。体色は一様に茶褐色の時と、眼から上方の背面が黄褐色で他が黒褐色の時など、状態によって変化する。物陰に潜む習性が強く、幼魚では落ち葉など水底の堆積物、成魚では沈水木やブロックの隙間などに潜む。産卵は夏から秋にかけて行われていると考えられ、厳冬期には全長 1cm ほどの幼魚が多数見出される。産卵からふ化までの時間が短く、飼育下で水温約 25℃の時には 24 時間かからない。基本的に常温、淡水での長期飼育が可能。動物質食性で活きた魚やエビなどを好み、人工飼料には慣れにくい。成長に伴い気性が荒くなり、追い回すことはないが、他種を含め狭い水槽での複数飼育は避けたい。

▲生息環境や餌が同じアユを追い払う行動も見せる

ハゼ科 Gobiidae

ボウズハゼ

Sicyopterus japonicus (Tanaka)

【全長】20cm
【国内の分布】福島県以南の太平洋側～琉球列島。兵庫県の日本海側。
【生息環境】日当たりがよく転石の多い清流の上流～中流域。
【形態・生態など】頭部は丸みが強く、口は吸盤状。早春に汽水域で見られる幼魚は、体が透明で尾ビレの後縁中央部が浅く湾入する。幼魚期には背ビレの一部が鮮やかな赤色をしている。また、成長に伴い尾ビレはうちわ状となる。吸盤状の口は、急流を遡上する際に吸着器となる腹ビレの補助器官としても利用される。飼育に際し、水槽に付着する藻類を好み、人工飼料には慣れにくい。夏期の水温が25℃を越えない方がよく、温和な魚との混泳が可能。ただし、大食漢なので痩せやすい。

▼四万十川流域では「ウロリン」と呼ばれている

▲通常の体色をしたオス

ハゼ科 Gobiidae

ナンヨウボウズハゼ

Stiphodon percnopterygionus
Watson et Chen

▲保護色をしたメス

【全長】5cm

【国内の分布】主として、鹿児島県屋久島以南。近年、宮崎県や高知県などでも記録されている。

【生息環境】高知県での観察では、海岸近くで砂礫質の清流に見られ、流れの中央付近で、緩やかな瀬の部分を好む傾向が認められた。

【形態・生態など】美しい熱帯性のハゼで、オスの体色は基本的に光沢のある青緑色をしているが、全体が一様に青色をした個体も見られる。一方、メスはオスに比べるとかなり地味で、黄白色地にやや太い２本の黒色縦条が走る。敏捷で、危険を察すると一旦はかなり遠くに逃避するが、すぐ元の場所に戻ってくることが多い。四万十川水系での初記録は1997年、最近の記録では2007年秋に河口近くの支流でオス・メス計９尾が採集されている。ケイ藻を専食するボウズハゼとは異なり、雑食性で人工飼料にも慣れる。冬期は保温が必要。

ハゼ科 Gobiidae

スミウキゴリ

Gymnogobius petschiliensis (Rendahl)

【全長】10cm

【国内の分布】北海道の一部、本州、四国、九州、屋久島。

【生息環境】転石の多い河川汽水域～中流域。海岸に近い小河川では渓流域まで遡上する。

【形態・生態など】ウキゴリに似るがやや細身。幼魚期を汽水域で過ごし、全長 3cm ほどに成長する 2 月頃河川内に遡上、初夏には河口に近い淀みで幼魚の群れが見られる。若魚や成魚はヨシの根が露出する淵の中層で浮くように遊泳していることが多い。飼育に際しては夏期の水温が 25℃を越えないようにする。活きた小エビを好む。

▼第 1 背ビレに黒斑がない

▲幼魚　尾ビレに明瞭な黒斑がある

ハゼ科 Gobiidae

ウキゴリ

Gymnogobius urotaenia (Hilgendorf)

【全長】13cm

【国内の分布】択捉島、北海道、本州、九州。四万十川水系のものは放流用琵琶湖産アユに交じって移されたものと考えられる。

【生息環境】河川中流～下流で、ヨシの根などが覆う緩やかな流れ。

【形態・生態など】四万十川在来のスミウキゴリに似るが、本種の方がややずんぐり体形であること、第 1 背ビレ後縁に明瞭な黒斑があることなどで区別できる。夏期の水温が 20℃を越えないようにし、動物質食性で活きた小エビなどを好む。人工飼料には慣れにくい。

▼スミウキゴリに比べ緩い流れを好む

▲大あくびするウキゴリ

▲ヨシノボリの仲間だが、比較的緩い流れを好む

ハゼ科 Gobiidae

ゴクラクハゼ

Rhinogobius giurinus (Rutter)

【全長】 8cm

【国内の分布】 茨城・秋田県以南の本州、四国、九州、琉球列島など。

【生息環境】 中流域～汽水域。砂礫底を好む。

【形態・生態など】 眼の直後まで鱗があり、頬には赤褐色のまだら状の模様が目立つ。エラブタ後方から尾柄にかけての体側中央部に暗色斑が並び、その周辺にルリ色の斑点が散在する。繁殖期のオスでは胸ビレを除く各ヒレの赤味が増す。全長 3cm 以下の幼魚は汽水域に多く、これより成長した個体は純淡水域でも見られるようになる。産卵期は夏から秋にかけてで、転石の隙間に巣を作ったオスは体をくねらせながらメスを誘う。卵は巣の天井となる石の裏側に産みつけられ、オスがふ化まで守る。純淡水での長期飼育が可能。基本的に動物質食性で冷凍赤虫を好む。性質は温和で、ヤリタナゴなどとの混泳に適している。四万十川下流域を代表するハゼの一種。

▲卵を守るオス

▲成熟したオスの頭部は、メスに比べ長い

ハゼ科 Gobiidae

シマヨシノボリ

Rhinogobius sp. CB

【全長】7cm

【国内の分布】北海道を除く日本各地。

【生息環境】河川中流～下流域（ただし小河川では上流～渓流域まで見られる）の、転石が多い早瀬。

【形態・生態など】頬に赤褐色の複雑な縞模様があり、体側は淡褐色と濃褐色のまだら模様で、一部の鱗が青く光る。四万十川産ヨシノボリ類中で最も広範囲で見られる。通常は早瀬の転石の下を住処とし、その周辺で摂食活動を行う。ゴクラクハゼやヌマチチブとよく混生している。飼育に際しては夏期の水温が25℃を越えないようにし、基本的に動物質食性で冷凍赤虫を好む。ヤリタナゴ等、小形のコイ科などと混泳させられるが、オスは縄張り争いをするので、それぞれに隠れ処を作ってやるとよい。

▼産卵期のメスの腹部は青くなる

▲幼魚（ゴリ）は群れで遡上する。河口から 100km ほど遡上する個体も見られる

ハゼ科 Gobiidae

ヌマチチブ

Tridentiger brevispinis Katsuyama, Arai et Nakamura

【全長】 15cm
【国内の分布】 北海道～九州、壱岐、対馬。
【生息環境】 中流域を中心として上流～汽水域までの、転石の多い清流。
【形態・生態など】 いわゆるハゼ体形で、頭部は丸く口は大きい。体色は濃淡のある褐色地に、小白色斑が散在する。胸ビレ基底には不規則な暗赤色条が走る黄土色の横帯があり、類似種チチブとの明瞭な区別点となる。繁殖期のオスは、体全体が黒ずみ白色斑は青味がかる。さらに、第１背ビレが伸び、棘も倍近く突き出てくる。産卵は春から夏にかけて行われ、転石の裏側に産みつけられた卵をオスがふ化まで守る。ふ化した仔魚は一旦海に流下、翌春には全長３～4cm に成長し、アユの稚魚の群れと共に川を遡上してくる。「がらびき漁」や「のぼり落と

▲汽水域近くに留まる個体も少なくない

▲特徴的な胸ビレ基部の横帯

▲アユの幼魚と共に移動する成魚

▲卵を守るオス　石の下で白く見えるのが卵

しうえ漁」などの伝統漁法で捕獲された幼魚は、「佃煮」や「卵とじ」などの郷土料理に利用される。飼育に際しては夏期の水温が 25℃を越えないようにする。雑食性で飼育下では冷凍赤虫を好み、人工飼料にも慣れる。成長に伴い縄張り意識が強くなり、同種・別種問わず底性のハゼとはよく争うため、混泳水槽には石や流木などで隠れ処を作ってやる等の配慮が必要。四万十川では近年激減した。なお、流域ではハゼの仲間を広く「ゴリ」または「チチコ」と呼んでいる。

▲ゴリのがらびき漁　サザエの貝殻をロープにくくり付けた漁具を上流から下流に向けて引き、あらかじめ設置しておいた四つ手網に追い込む

▲のぼり落としうえ漁の仕掛け
川岸から沖に向かって竹簀（たけす）を張り、その先端に「うえ」を設置する。「うえ」とは筌（うけ）の方言。川岸沿いにのぼってきたゴリは、竹簀沿いにうえに向かう。うえの前は流れが速くなるように工夫されており、ゴリは流されてうえに入る。

▲「うえ」をあげゴリを取り出す
かつては1日で10kgも捕れる日があった

▲ゴリの卵とじ

▲ゴリの佃煮

下流

下流の生き物たち

タコノアシ

ヨドシロヘリハンミョウ

ムスジイトトンボ

ミサゴ

オギ

アシハラガニ

アカエイ科 Dasyatididae

アカエイ

Dasyatis akajei (Müller et Henle)

【全長】1m
【国内の分布】北海道南部以南。
【生息環境】沿岸の砂泥底。
【形態・生態など】体形は平たく円盤型で長い尾部をもち、口とエラは腹側にある。体全体が赤銅色。尾部に棘があり、刺されると激しい痛みが数週間続くという。河川内には上げ潮時によく遡上し、しばしば浅瀬にも入り込む。飼育に際しては当初より海水を用い、活きた小エビや魚の切身など動物質の餌を与える。温和で敏捷性に乏しいので、本種の口に入らない大きさでおとなしい種類との混泳も可能。

▲浅場にやってきたアカエイ

イセゴイ科 Megalopidae

イセゴイ

Megalops cyprinoides (Broussonet)

【全長】1m
【国内の分布】主に南西諸島で見られ、九州以北での記録は迷入と考えられている。
【生息環境】内湾など、水深の浅い沿岸域。
【形態・生態など】ハヤ体形だが、側扁する。全身が光沢の強い銀白色で、1枚1枚の鱗は大きい。眼と口が大きく、背ビレ後縁が細く伸びる。飼育に際しては半海水を用い、冬期の水温が20℃を下回らないようにする。動物質食性で基本的に活魚や活エビを好むが、解凍物の魚などに慣れることもある。性質は温和で、本種の口に入らない大きさのおとなしい魚と混泳させられるが、同種間では傷つけ合うほど争うことがあるので注意したい。四万十川では1997年2月13日夜、シラス漁の明かりに寄って来たところを捕獲された全長約40cmの個体が現在まで唯一の記録。観賞魚店では「ターポン」という名称で販売されている。

▲釣り人の間では「パシフィックターポン」と呼ばれる

ゴンズイ科 Plotosidae

ゴンズイ

Plotosus lineatus (Thunberg)

【全長】20cm

【国内の分布】富山県～本州中部以南。

【生息環境】沿岸～河口域。

【形態・生態など】４対の口ヒゲをもち、第２背ビレと尻ビレは尾ビレに融合する。全身が褐色で、４本の細い淡黄色の縦条が走る。ただし、腹部は白い。背ビレと胸ビレに毒腺をもつ棘があり、刺されると体質によっては命にも関わる。群れで行動する習性が強く、特に幼魚がボール状の塊になっている様子は「ゴンズイ玉」と呼ばれる。四万十川河口域では通年、幼魚から成魚まで見ることができる。飼育に際しては当初より海水を用い、魚の切身など動物質の餌を与え、本種の口に入らない大きさであれば別種との混泳も可能。ただし、フグ類など混泳相手によっては尾ビレを齧り取られることがある。

▼成長に伴い夜行性が強くなる

ヤガラ科 Fistulariidae

アオヤガラ

Fistularia commersonii Rüppell

【全長】1.5m

【国内の分布】本州中部以南。

【生息環境】沿岸の岩礁域。漁港でも見られる。

【形態・生態など】棒のようにほっそりとした体形で、口と眼の間隔が長く離れる。全身が淡緑色もしくは淡褐色で、緊張時には幅広の暗褐色横帯が浮き出る。河川内にはあまり入らないが、周辺の漁港や磯溜りなどでは幼魚から亜成魚まで見られ、水面近くで浮遊したり、緩やかに前進している姿がよく観察される。驚くと速やかに潜水する。飼育に際しては海水を用い、本種の口に入る大きさの活魚や活エビなどの動物質の餌を与える。性質は極めて温和で、気の荒い魚とは一緒にできない。なお、本種は体の柔軟性に乏しいため、比較的広い水槽での飼育を心がけたい。

▼河川では幼魚が見られる

ヨウジウオ科 Syngnathidse

オクヨウジ

Urocampus nanus Günther

▲アマモに尾を巻き付けている様子

【全長】15cm

【国内の分布】宮城県〜佐渡島以南の本州、四国、九州、南西諸島。

【生息環境】内湾〜河口域にかけてのアマモ場。

【形態・生態など】緑色味が強いヨウジウオ。タツノオトシゴのように鞭状の尾部をもち、これをアマモなどに巻きつけて体を固定させる。四万十川での初記録は2000年5月7日で、それ以降も春期を中心にほぼ毎年少数の個体が確認できている。多くの個体が比較的流速のある深場の川底から見出されていることから、生存には比較的高濃度の塩分が必要なのかもしれない。飼育に際しては半海水を用い、餌はアルテミア幼生を与えているが、通年飼育は果たせていない。あるいは真海水の方が適しているのかもしれない。

ヨウジウオ科 Syngnathidse

ヨウジウオ

Syngnathus schlegeli Kaup

▲水底を這うように移動する

【全長】30cm

【国内の分布】北海道以南の日本各地（琉球列島を除く）。

【生息環境】内湾や汽水域のアマモ場など。

【形態・生態など】体形は細長くひも状。口は筒状で体全体が鎧のように硬い。体の大半が黒褐色で、腹部下面は金褐色。水槽内では泳ぎ回ることなく物陰で静止していることが多い。夏期にガンテンイシヨウジやカワヨウジに交じって見られる程度で、四万十川水系での個体数は決して多くはないが、比較的塩分濃度の高い場所で見られ、純淡水域までは遡上しない。飼育に際しては半海水を用い、動物質食性で人工飼料には慣れない。活きた小エビへの依存度が高く、飼育は本種の口サイズに合う飼料を常時確保できる人にしかお勧めできない。

ヨウジウオ科 Syngnathidse
ガンテンイシヨウジ
Hippichthys (Parasyngnathus) penicillus (Cantor)

【全長】 18cm
【国内の分布】 本州（紀伊半島）、四国、九州。
【生息環境】 内湾から河口域にかけてのアマモ場。
【形態・生態など】 ヨウジウオ類の中では腹部の体高が高い。和名が示すとおり、胸ビレから背ビレまでの体側に眼点状の小白点が散在する。通常は水底を這うようにして移動するが、驚いた時などにはドジョウのように体全体を左右にくねらせ敏捷に泳ぐ。四万十川水系ではアマモ場に多く、幼魚・成魚共にほぼ通年見られる。ただし、幼魚は秋口に多い。飼育に際しては半海水もしくはこれよりも塩分濃度がやや低い汽水を用い、冬期の水温が 18℃を下回らないようにする。活きたアミエビやエビの幼体を好んで摂食する。

▼飼育下では小エビを追ってよく泳ぐ

ヨウジウオ科 Syngnathidse
カワヨウジ
Hippichthys (Hippichthys) spicifer (Rüppell)

【全長】 17cm
【国内の分布】 神奈川県以南。
【生息環境】 内湾や河口域、幼魚はアマモ場に入る。
【形態・生態など】 体形はガンテンイシヨウジに似るが、成魚では腹部下方に 13 本内外の白色横帯があること、体側の白色小点を欠くことなどで区別できる。ガンテンイシヨウジと混生するが、前種の成魚が初夏に多く見られるのに対し、本種ではむしろ秋が深まってから河口近くの浅場でよく見られるようになる。ただし、幼魚は夏期にアマモ場で両種共に混獲される。飼育に際しては半海水を用い、冬期の水温が 18℃を下回らないようにする。動物質食性で特に活きた小エビを好む。人工飼料には慣れない。

▼流れのある場所を好む

▲テングという名前のとおり吻が長い

ヨウジウオ科 Syngnathidse

テングヨウジ

Microphis (Oostethus) brachyurus brachyurus (Bleeker)

▲卵を抱くオス

【全長】20cm を超える。

【国内の分布】神奈川県以南。

【生息環境】汽水〜淡水域で、ヨシなどが張り出した瀬に続く淵を好む。河川が流れ込む漁港でも見られる。

【形態・生態など】成熟したオスでは、体側の胸ビレ後方に赤色の縦条がある。ヨウジウオ類にはオスが育児するという習性があり、本種の育児嚢は袋状のカワヨウジなどと異なり開放型。四万十川周辺では夏から秋にかけて見られ、河口から 10km 以上も遡上する。緩やかな流れの水面近くに生育するヨシの根際などに潜んでいることが多い。漁港では、漁船の係留ロープなどに寄り添うようにしている。数尾から 10 尾ほどの群れで行動していることが多く、危険を察知すると速やかに潜水する。飼育に際しては半海水もしくはそれよりも塩分濃度が薄い汽水を用い、冬期の水温が 18℃を下回らないようにする。動物質食性で、人工飼料には慣れない。小魚も食べるが、長期飼育には小さな活エビが最適。

ヨウジウオ科 Syngnathidse

イッセンヨウジ

Microphis (*Coelonotus*) *leiaspis* (Bleeker)

【全長】 19cm
【国内の分布】 神奈川県以南。
【生息環境】 汽水～淡水域、砂礫底を好む。
【形態・生態など】 四万十川産ヨウジウオ類の中では比較的細身で、吻が短い。体表に凹凸感が少なく、吻の端からエラブタ上部にかけて黒褐色の縦条がある。四万十川周辺では多くが秋に見られ、河口から上流10kmほどまで遡上する。通常はヨシの根際や転石の下などに潜んでいることが多い。水底を這うように移動するが、上げ潮時に河口近くの早瀬を体をくねらせ敏捷に遡上する姿も観察される。飼育に際してはごく薄い汽水を用いるが、淡水で長期飼育ができるという報告もある。動物質食性だが、口が小さいのでアルテミア幼生などが適している。

▼観察できる個体数は年によって大きく異なる

ヨウジウオ科 Syngnathidse

クロウミウマ

Hippocampus kuda Bleeker

【全長】 15cm
【国内の分布】 高知県以南。
【生息環境】 内湾～河口域。漁港でも見られる。
【形態・生態など】 全身黒色または黒褐色で、霜降り状の小斑が散在する。吻が突出し、尾部は海藻などに絡ませるため、前方に向けコイル状に巻くことができる。河川内での観察は希だが、周辺の漁港などでは水面近くの漁船係留ロープや、カキの殻などに尾部を巻きつけている姿が時々観察される。飼育に際しては海水を用い、冬期は保温する。動物質食性で活きた小エビを好む。四万十川での初記録は1997年8月9日の幼魚1尾で、その後、成魚を含め数例の記録がある。なお、当初はオオウミウマと同定されていたが、尾輪数の違いなどからクロウミウマと訂正された。

▼性質は極めて温和

▲四万十川河口域で最も多く見られる魚の一種

ボラ科 Mugilidae

ボラ

Mugil cephalus cephalus Linnaeus

▲海岸近くを単独で泳ぐボラ

【全長】60cm を超える。
【国内の分布】日本各地。
【生息環境】沿岸の浅場～河口汽水域。
【形態・生態など】いわゆるハヤ体形で、頭部上面は平坦、胸ビレの根元が青い。体側は銀白色で６～７本の暗色縦条が走る。四万十川水系では通年見られ、早春より全長２～３cm の幼魚が群れをなして河川内に遡上し、川底の付着藻類を摂食する行動が観察される。時に水田地帯の小川にまで姿を見せることがあり、夏期には若魚が河口から上流 70km 辺りまで遡上することが知られている。驚いた時など、水面上をよくジャンプする。基本的に常温での飼育が可能。塩分濃度への耐性にも優れ、真水：海水比７：３の汽水から海水まで対応できる。雑食性で、人工飼料にもよく慣れ飼いやすい。性質も温和なので、混泳水槽内のコケとりとしても重宝する。成長に伴い呼び名が変わることから、出世魚とも呼ばれる。ちなみに、最も成長した個体の通称は「トド」。

ボラ科 Mugilidae

オニボラ

Ellochelon vaigiensis (Quoy et Gaimard)

【全長】30cm

【国内の分布】和歌山県以南。

【生息環境】沿岸～河川汽水域。

【形態・生態など】胸ビレと第２背ビレが黒色、尾ビレは黄色い。側線より上方の鱗は暗色に縁取られる。南方系のボラで、四万十川水系では近年になって記録された。現在のところ、河川内ではほとんど見られないが、周辺の磯溜りでは夏から秋口にかけ、単独もしくは数尾の群れで遊泳する幼魚がしばしば観察される。この際、砂地で比較的浅場を好む傾向が認められる。飼育に際しては、幼魚時より海水が適し、冬期の水温が 20℃を下回らないようにする。人工飼料にもよく慣れ飼いやすい。性質も温和でおとなしい魚との混泳に向くが、驚くとよく跳ねるので飛び出しには注意する。

▼ボラの仲間としてはずんぐり体形

ボラ科 Mugilidae

セスジボラ

Chelon affinis (Günther)

【全長】25cm

【国内の分布】日本各地。

【生息環境】内湾～河川汽水域。

【形態・生態など】四万十川で記録されているボラ類の中では、最もほっそりとした体形。体側は銀白色で、特に目立つ斑紋はない。頭頂部が隆起し、和名が示すとおり背面が背骨のように少し盛り上がって筋が通ったように見える。加えて、眼の上が朱色をしていることも多種とのよい区別点となる。四万十川水系では通年見られるが、あまり多くはない。通常は群れで行動するが、ボラの群れの中に少数の個体が交じっていることもある。常温で飼育でき、半海水を用いる。他のボラ類同様、性質が温和で人工飼料にもよく慣れ、おとなしい魚との混泳に適している。

▼やや流れの強い水域を好む

ボラ科 Mugilidae

コボラ

Chelon macrolepis (Smith)

▲胸ビレ基部に金色の横帯がある

【全長】25cm
【国内の分布】千葉県以南の南日本。
【生息環境】沿岸〜河川汽水域。
【形態・生態など】四万十川で記録されているボラ類の中では、ずんぐりした体形。ナンヨウボラに似るが、体色の黄色味が強いこと、頭部が幾分小さく、眼の上の朱色と胸ビレ上方基部の小黒点を欠くことなどで区別できる。河川内での記録は乏しいが、夏期には周辺の磯溜りで普通に見ることができる。他のボラ類同様、群れで行動していることが多く、ボラやタイワンメナダの群れと交じっていることも多い。飼育に際しては当初より海水を用い、冬期の水温が 20℃を下回らないようにする。温和で人工飼料にもよく慣れ、飼いやすい。おとなしい魚との混泳に向く。

ボラ科 Mugilidae

タイワンメナダ

Moolgarda seheli (Forsskål)

▲頭部から背部にかけての鱗には暗色の縁取りがある

【全長】40cm
【国内の分布】和歌山県以南の南日本。
【生息環境】沿岸の浅場〜河川河口域。
【形態・生態など】四万十川で記録されているボラ類の中では、ほっそりした体形でセスジボラに似るが、頭部がより大きい。体側は銀白色で光沢が強い。また、他のボラ類に比べ頭部が角ばり、胸ビレ基部上端に小黒点がある等の違いがある。四万十川ではオニボラと共に近年になって記録されているが、河川内で発見されることは希。ただし、周辺の磯溜りでは夏から秋口にかけて普通に見られ、全長 1cm ほどの幼魚では単独で行動していることが多いが、5cm を超えたあたりからはおおむね群れで行動している。他のボラ類の群れと交じることも珍しくない。飼育に際しては当初より海水を用い、冬期の水温が 20℃を下回らないようにする。温和で人工飼料にもよく慣れ、大形の個体ではやや気の荒い魚との混泳も可能。

ボラ科 Mugilidae

ナンヨウボラ

Moolgarda perusii (Valenciennes)

【全長】15cm を超える。

【国内の分布】東京湾以南の南日本。

【生息環境】内湾の浅瀬〜河川汽水域。

【形態・生態など】四万十川水系で記録されているボラ類の中では、ずんぐり体形でコボラに似るが、眼の上が朱色をしていること、胸ビレの基部上端に小黒点があることなどで区別できる。四万十川水系では全長３ｃｍほどの幼魚が秋口に多く見られ、数尾から数十尾の群れで行動していることが多い。また同時期には、周辺の磯溜りでもよく見られる。全長 5cm ほどに成長した個体が 12 月下旬頃まで見られるが、その後の消息は不明。飼育に際しては冬期の水温が 18℃を下回らないようにし、半海水〜海水を用いる。温和で人工飼料にもよく慣れ、おとなしい魚との混泳に向く。

▼幼魚は浅場を好む傾向がある

トウゴロウイワシ科 Atherinidae

トウゴロウイワシ

Hypoatherina valenciennei (Bleeker)

【全長】15cm

【国内の分布】相模湾以南の琉球列島を除く日本各地。

【生息環境】岩礁性の沿岸域。漁港でも見られる。

【形態・生態など】一見ハヤを思わせる体形。イワシと名付けられてはいるが、背ビレが２基あり、正真のイワシではない。体側の腹側が銀白色で、中央部のやや上方に鮮やかな青緑色縦条が走る。背面は青味がかった褐色。通常は群れで行動している。河川内での記録は希だが、周辺の磯場では夏期、波の打ち寄せるところに幼魚が多く見られる。飼育に際しては海水を用い、冬期の水温が 15℃を下回らないようにする。人工飼料にも慣れる。性質は温和で、おとなしい魚と混泳させられる。成魚では鱗が硬く丈夫だが、幼魚はスレに弱い面がある。

▼自然下では、体表に寄生虫が張り付いている個体も見られる

下流

サヨリ科 Hemiramphidae

サヨリ

Hyporhamphus sajori
(Temminck et Schlegel)

▲下アゴや腹側が金色に輝く幼魚　成魚では銀白色

【全長】35cm
【国内の分布】琉球列島及び小笠原諸島を除く、北海道以南の日本各地。
【生息環境】沿岸～河口域。
【形態・生態など】体形は細長く、下アゴが著しく突出する。成魚ではその先端が赤い。沿岸域に生息し、好んで汽水域にも遡上してくる。四万十川水系では初夏、全長２～3cmの幼魚が体を左右に振りながら、浮遊する動物プランクトンを摂食しつつ上げ潮に乗って遡上してくる姿が観察される。盛夏には全長10cmを超える個体も見られるが、純淡水域までは遡上しない。普通、数尾から数十尾の群れで行動していることが多い。スレに弱く、飼育目的の採集では素手で直接触らないなどの配慮が必要で、混泳水槽には向かない。

コチ科 Platycephalidae

マゴチ

Platycephalus sp.2

▲体色は底砂の模様に似て紛らわしい

【全長】1m
【国内の分布】千葉県～新潟県以南の日本各地。
【生息環境】砂泥底の沿岸～河口域。
【形態・生態など】頭部は三角形で平たく、尾部に向かうにつれすぼまる。体全体が淡褐色で、大小の不規則な濃褐色斑がある。また尾ビレには白黒の独特な斑紋がある。夏から秋にかけ、幼魚が河川内に遡上してくる。通常は砂地の中に浅く潜り、餌となる魚を待ち伏せしているが、驚くと川底を滑るように素早く逃避する。飼育に際しては当初から海水を用い、基本的に活餌を与えるが、魚の切身にも慣れる。摂食行動は意外なほど敏捷。性質は温和なので、本種の口に入らない大きさであれば、おとなしい魚との混泳も可能。

▲成魚の体色はいぶし銀のよう

アカメ科 Centropomidae

アカメ

Lates japonicus Katayama et Taki

【全長】1.3m

【国内の分布】主に高知県、宮崎県。静岡県、和歌山県、鹿児島県などからも少数の記録がある。

【生息環境】内湾〜河口域。

【形態・生態など】体形はスズキに似るが、体高が高く眼の上が少しくぼむ。また、尾ビレ中央部がスズキではやや湾入するが、アカメでは逆に張り出す。幼魚時の体側には淡黄色と濃褐色の縞模様があるが、成長に伴い全身が銀灰色となる。ただし、成魚でも捕食等の緊張時には幼魚期の縞模様が現れる。本種最大の特徴は和名の由来となっているとおり眼が赤いことで、これは眼自体の色素ではなく体内の血液が透けているもの。全長約 20cm までの幼魚は河口域のアマモ場に、成魚は水深 10m 前後の淵に集中して

▼全長 1cm の稚魚

▲白色帯がさらに増えアカメらしくなった幼魚

▲常に複数個体で寄り添うように行動する

▲緊張色　獲物を見つけた時などには幼魚時の体色が現れる

生息すると考えられる。成魚がおおむね夜行性であることは釣り人の間で周知の事実とされてきたが、近年制作されたテレビ番組の中でも、大形個体が日中は限られた水域に留まる傾向が強く、夜間は採餌のため広範囲を回遊することが記録された。また、いずれの場合にも数尾から十数尾の群れで行動していることが多いことも確認されている。幼魚はアマモや沈水木などの物陰に身を隠し、獲物が来るのを待つ習性が強いが、釣り人によると成魚は主に休息中のボラに忍び寄ってこれを捕食して

▲成長につれ、鱗のしわと光沢が増す

▲幼魚の生息環境

▲稚魚は体高が低く、頭部の丸みが強い

いるという。7～9月にかけ河口域のアマモ場で全長1cm前後の稚魚がよく見られることから、繁殖期は夏と推察される。また、梅雨や台風等による増水後に稚魚が多く見られることから、産卵行動は塩分濃度の変化と関係があるらしい。幼稚魚は渇水時でも増水時でも生息場所をほとんど移動していないが、これは遊泳力が未発達なため潮の満ち引きによって特定の水域に集まっているものと考えられ、したがって短期間であれば塩分濃度変化への耐性力に優れているということをうかがわせる。全長1cm前後の稚魚は約1ヵ月後には5cmほどに成長しているものの、その個体密度は1/10ほどになっていると感じられ、生存率は決して高くないものと推測される。本種は釣対象魚としてだけでなく観賞魚としても人気が高く、観賞魚店等で販売されていることも珍しくないが、飼育法に関しては間違った情報も少なくない。まず飼育水は汽水を用いるが、成長に応じ塩分濃度を調整していくことが望ましい。経験上、幼稚魚は真水への依存度が高く、海水：真水比は3：7、全長20cmほどの個体からは海水：真水比5：5の半海水を用いる。その水温は、冬期は18℃を下回らないように、夏期では28℃を越えないようにしたい。長生きさせるために全長30cmほどまでは活魚や活エビを与える方が好ましく、この大きさに達した後はキビナゴや小アジ等の解凍魚に慣らせてもよい。基本的には神経質な魚なので照明はあまり強くせず、隠れ処を作り、それでも飼育水槽に馴染まない時は、同サイズのスズキやボラ等穏やかであまり物怖じしない性格の魚と同居させる方法もある。ここまで書くと、アカメを飼育してみたいと思われるかもしれないが、本種が全長1mを超える大形肉食魚であること、加えて水管理が難しい汽水魚であること等を考えた上で決断してほしい。

アカメ保護考

▲アカメ里帰り放流

本種は自然下・飼育下共に産卵行動が未解明であることなど生態的に不明な点が多いこともあって、県版でも全国版でもレッドリストの高ランクに位置づけられている。これを受けマスコミではアカメを扱う際に「幻」というフレーズをよく用いる。現在、高知県と並ぶアカメの主要な生息地宮崎県ではすでに捕獲規制がなされている他、高知県でもその方向での議論が活発化している。ただ現在のところ、四万十川水系では夏期から秋期にかけて実施している魚類調査でほぼ毎年稚魚が確実に確認できていることから、実際には一般に思われているほど危機的状況にあるとは考えにくい。

これとは別に本来、魚類の多くは昆虫類と並び１個体の寿命が比較的短い中で千～万単位の卵を残せる繁殖力に長けた生物であり、寿命が長くそれほど多くの卵や子供を残せない鳥類や哺乳類などとは繁殖能力という点で雲泥の差がある。前者が減少するということは、人々の乱獲以上に生息環境の悪化が原因であることが多い。したがって、魚類や昆虫類保護の最善策は個体の採集禁止措置以上に、生息環境の保全や改善ということは既に各方面でも言われている通り。そもそも何のために生物を守るかと言えば、楽しみながら自然と接するためであって、全く関わることができない自然では意味がないように思える。何より生物保護への社会的関心を高めるには、そのことによる何らかのメリットも必要で、本種の場合には主に釣る楽しみや飼う楽しみなどがある。豊かな自然に育まれた生物資源を地域経済に役立てるということも重要で、特に四万十川のアカメは観光資源としての存在価値も高い。まず全国各地から訪れる釣り人たちが残していく地元への経済波及効果は無視できない。また魚飼育を趣味に持つ者の多くは愛魚のふるさとを訪ねてみたいという思いを抱くようになる。危険を伴う海外の秘境ではなく、四万十川は誰もが気軽に足を運べる日本の河川。つまりアカメは四万十川の観光大使の役割も担える。もちろん釣りにせよ飼育にせよ、繁殖能力を超えない範囲での利用が大前提であることは言うまでもない。

なお社団法人トンボと自然を考える会では、この視点に立ち、定期調査で得た全長数センチの幼稚魚を人間以外の天敵がいなくなる40～50cmサイズまで育て上げ、地元の小学生などと共に放流を行っている。これには、必ずしも観賞魚としての幼魚乱獲が否定できない今日、種の存続と同時にアカメから河川環境保全に対する社会の関心を高めたいという願いが込められている。

タカサゴイシモチ科 Ambassidae

タカサゴイシモチ

Ambassis urotaenia Bleeker

【全長】10cm
【国内の分布】神奈川県以南。
【生息環境】内湾〜河口域。
【形態・生態など】生時は透明感が強く、骨や内臓などが透けて見える。通常は群れで生活しており、幼魚はアマモ場で見られることが多い。飼育に際しては半海水を用い、冬期の水温が20℃を下回らないようにする。活きた小エビを好むが人工飼料にも慣れ、飼いやすい。また性質も温和なので、おとなしい魚との混泳にも適している。なお、本来は南方系の種類で、四万十川では近年になって記録されている。ただ、定着しているかどうかは不明。

▼元気な個体ほど透明感が強い

スズキ科 Percichthyidae

ヒラスズキ

Lateolabrax latus Katayama

【全長】1m
【国内の分布】千葉県〜長崎県以南の南日本。
【生息環境】岩礁性の沿岸域。漁港でも見られる。
【形態・生態など】幼魚時はスズキと区別がつきにくいが、成長に伴い体高が高くなり、吻が短くなるなどの明瞭な差が現れる。春期、スズキと共に多数の幼魚が河口のアマモ場に入ってくるが、スズキほど上流には遡上しない。ただし、四万十川では全長10cmを超える個体が河口から上流10km程まで遡上した記録がある。幼魚時の飼育水は半海水で問題ないが、全長5cmを超えたあたりからは海水が適している。なお、冬期の水温は15℃を下回らないようにしたい。動物質食性で活魚や活エビを好む。ただし、性質は温和。

▼幼魚は群れで行動することが多い

スズキ科 Percichthyidae

スズキ

Lateolabrax japonicus (Cuvier)

▲獲物を追う時の動作は機敏

【全長】1m

【国内の分布】日本各地。

【生息環境】沿岸域。

【形態・生態など】比較的ほっそりとした体形で口は大きく、エラブタ後方に鋭い棘がある。2月上旬には河口域で全長1cm程の幼魚が見られ始め、6月頃には5cmを超える個体が多くなる。四万十川では、若魚が河口から上流50km以上も遡上することが知られている。幼魚から全長50cm程の個体までは、半海水での飼育が可能。口が大きいので意外なほど大きな魚を食べてしまうが、性質は比較的温和で、同種間でも争うことはほとんどない。基本的に活きた魚しか食べないので、飼育にあたってはそれなりの覚悟が必要。成長に伴い呼び名が変わり、出世魚とも言われる。

テンジクダイ科 Apogonidae

ネンブツダイ

Apogon semilineatus Temminck et Schlegel

▲性質は温和

【全長】11cm

【国内の分布】本州中部以南。

【生息環境】水深の浅い内湾など、岩礁域に多い。

【形態・生態など】体色は橙色または橙褐色。吻から伸びる黒色縦条が2本あり、1本は眼を通りエラブタ後縁まで、もう1本は眼の上端をかすめて第2背ビレ下まで達する。また、尾ビレ付け根に黒色紋がある。光の反射で、エラブタから体側にかけて金属光沢を放つ。テンジクダイ科の魚には、オスが口の中で卵をふ化まで守る習性があり、本種も同様の行動を見せる。クロホシイシモチに似るが、体側に縦帯があること、黒点を欠くことで区別できる。飼育に際しては海水を用い、冬期の水温が18℃を下回らないようにする。動物質食性で、人工飼料にも慣れる。

アジ科 Carangidae

イケカツオ

Scomberoides lysan (Forsskål)

【全長】70cm
【国内の分布】南日本。
【生息環境】稚魚は沿岸～汽水域、成魚は沖合。
【形態・生態など】カツオという名前が付けられているが、実際はアジの仲間。体形は柳葉状で側扁する。幼魚時の体色は大部分が黄緑色、成長に伴い銀白色になる。また、成魚では多数の暗色斑が浮き出てくる。四万十川ではほぼ毎夏、汽水域で全長３～４cmほどの幼魚の遡上が確認されている。その際、水面近くを敏捷に徘徊する行動が観察される。飼育に際しては当初より海水を用い、冬期の水温が20℃を下回らないようにする。動物質食性で、魚の切身にも慣れる。ただし、幼魚には他魚の鱗を剥いで食べるという習性があるので混泳水槽には不向き。

▼まだ斑紋が出ていない幼魚

アジ科 Carangidae

カスミアジ

Caranx melampygus Cuvier

【全長】70cm
【国内の分布】南日本。
【生息環境】内湾など沿岸域、幼魚は砂地を好む。
【形態・生態など】ギンガメアジに似るが、体側の黄色味が強い。また口が小さく、眼の後縁まで届かないなどの違いがある。四万十川では2005年になって初めて記録されているが、夏期に少数の幼魚がロウニンアジやギンガメアジに交じって見られる程度。純淡水域までは遡上しない。飼育に際し、全長5cm程までの個体は半海水でも構わないが、基本的には海水を用いる。動物質食性で活魚を好み、解凍物の魚にも慣れる。熱帯地方産本種には、神経や胃腸に障害を引き起こすシガテラ毒をもつ個体が見られるという。

▼アジの仲間としてはおとなしい

▲四万十川では河口から 70km 以上上流まで遡上することが知られている

アジ科 Carangidae

ギンガメアジ

Caranx sexfasciatus Quoy et Gaimard

▲緊張時、体側に 5 本の横縞が浮き出る

【全長】90cm
【国内の分布】南日本。
【生息環境】内湾及び沿岸域。
【形態・生態など】四万十川水系で記録されているアジ類中では特に眼が大きく、口が眼の後縁に達すること、エラブタ上方に小黒点があることなどで他種と区別できる。四万十川流域では河川内に遡上するアジ類の幼魚を「エバ」と呼ぶ。ロウニンアジに比べ細長い体形をしている本種は「長エバ」と呼ばれ、多くの幼魚がロウニンアジより少し遅れて河川内に遡上してくる。その後、11 月までその姿を見ることができる。飼育に際しては冬期の水温が 18℃を下回らないようにし、幼魚時では半海水を用い、成長するにつれ海水に近づけていくとよい。動物質食性で、活餌を好むが解凍物の魚にも慣れる。四万十川水系では、南方系の本種はいわゆる死滅回遊魚とされてきたが、温暖化が顕著となった近年、明らかに当地方で越冬したと考えられる個体も見られるようになっている。

▲幼魚では４本の横縞が現れる

アジ科 Carangidae

ロウニンアジ

Caranx ignobilis (Forsskål)

【全長】1.6m

【国内の分布】南日本。

【生息環境】内海沿岸。

【形態・生態など】四万十川水系では、河川内に入ってくるアジ類中で最も個体数が多いが、純淡水域までは遡上しない。本種はギンガメアジに比べ体高が高いことから「丸エバ」と呼ばれている。河川内では夏の初めから秋口にかけて見られ、数尾から数十尾の群れで行動していることが多い。飼育に際し、幼魚時では半海水を用い、成長するにつれ海水に近づけていくとよい。冬期の水温が 20℃を下回らないようにする。動物質食性で活餌を好むが、解凍物の魚にも慣れる。成長に伴い気が荒くなり、他種はもちろん同種同士でも強い個体が弱い個体を追い回すようになるので、混泳には注意を要する。

▼成魚　口がやや尖り、いかつい顔をしている

ヒイラギ科 Leiognathidae

ヒイラギ

Leiognathus nuchalis
(Temminck et Schlegel)

▲摂食時、口は下向きによく伸びる

【全長】8cm
【国内の分布】中部地方以南の本州、四国、九州。
【生息環境】汽水域。砂泥底の河口付近に多い。
【形態・生態など】体形はアジ科の一種に似るが、より側扁傾向が強い。体色は銀白色、エラの上方と背ビレ先端によく目立つ黒斑が、側線より上方には褐色のまだら模様がある。四万十川水系では夏期、汽水域のアマモ場で全長 1 ～ 5cm の個体が多く見られる。塩分濃度への適応力に優れ、降雨による河川増水で多くの汽水魚が海域に移動した際にもなお、河川内で多くの個体が観察される。飼育に際しては海水もしくは海水に近い汽水を用い、動物質食性で、人工飼料にも慣れる。飼育下では冷凍赤虫を好む。性質は温和で、おとなしい魚との混泳に向く。冬期には保温するとよい。なお、本種と混同されがちな干物の「ニロギ」は、別種のオキヒイラギ。

フエダイ科 Lutjanidae

ニセクロホシフエダイ

Lutjanus fulviflamma (Forsskål)

▲体側下方に橙褐色縦条が数本走る

【全長】35cm
【国内の分布】和歌山県以南の南日本で記録されている。
【生息環境】岩礁性の沿岸域。漁港でも見られる。
【形態・生態など】幼魚はクロホシフエダイに似るが、体側の濃色縦条が吻から眼を貫いて伸びる 1 本しかないこと、全身の黄色味がより強いなどの違いがある。四万十川では、2002 年 8 月 25 日に幼魚 1 尾が初めて捕獲され、その後も数尾の記録がある。河川内での生態行動はほとんど観察されていないが、磯溜りなどでは広範囲を単独遊泳しながら摂食活動している姿がしばしば観察される。飼育に際しては冬期の水温が 20℃を下回らないようにし、当初より海水を用いる。動物質食性で活エビを好むが、魚の切身にも慣れる。気性がやや荒いので、混泳相手には注意を要する。

▲幼魚は淡水域近くまで遡上する

フエダイ科 Lutjanidae

ゴマフエダイ

Lutjanus argentimaculatus (Forsskål)

▼体色は幼魚と成魚は別種と思えるほどに異なる

【全長】65cm

【国内の分布】千葉県以南の日本各地。

【生息環境】岩礁性の沿岸～河口域、幼魚は漁港やアマモ場でも見られる。

【形態・生態など】タイの仲間をやや細くしたような体形。幼魚時は体側に濃褐色と黄褐色の横縞があり、背ビレと腹ビレの大半及び、尻ビレの一部と眼の周りが朱色をしている。成魚では全身が赤褐色になる。幼魚・成魚とも眼の下にルリ色の縦条がある。幼魚は「レッドフィンナンダス」という名前の観賞魚としても知られる。飼育に際し幼魚時は半海水を用いるが、全長 30cm を超えると海水に近い方がよい。動物質食性で、活きた小魚やエビ等を好む。成長するにつれ気性が荒くなり、力の弱い同種だけでなく他種も攻撃する。

フエダイ科 Lutjanidae

クロホシフエダイ

Lutjanus russellii (Bleeker)

▲河川内の幼魚は秋に多く見られる

【全長】40cm
【国内の分布】南日本。
【生息環境】岩礁性の海岸〜河口域。幼魚はアマモ場でもよく見られる。
【形態・生態など】幼魚は体側に４本の黒褐色縦条が走り、シマイサキに似るが、背ビレ後方付近の側線上に明瞭な眼状紋があるので区別は容易。成長に伴い、眼状紋を残し黒褐色縦条はほとんど消失する。幼魚時、河口域ではシマイサキの群れに交じっていることが多いが、海域の磯溜りなどでは単独で行動していることが多い。驚くと転石の隙間や岩陰などに身を隠すが、多くの場合は比較的短時間で再び姿を現す。飼育水は幼魚時より海水が適し、冬期の水温が 20℃を下回らないようにする。動物質の餌を好み、魚の切身にも慣れる。フエダイ類の中ではおとなしい部類に入り、同サイズの魚と混泳させられるが、同種同士では力の強い個体が他の個体を傷つけてしまうので注意したい。

マツダイ科 Lobotidae

マツダイ

Lobotes surinamensis (Bloch)

▲幼魚　体色は環境に応じて変化する

【全長】1m
【国内の分布】北海道以南の日本各地から記録されている。
【生息環境】沿岸〜汽水域。
【形態・生態など】幼魚は全身が濃褐色または黄褐色のまだら模様。体は比較的側扁する。幼魚時は、体を横たえ水面の流れ藻などの浮遊物に隠れるようにして漂流する習性がある。これは、天敵の眼を欺くと同時に接近してきた小魚を捕食するのに有効で、「枯葉状擬態」と呼ばれる。河川内ではほとんど見られないが、周辺の漁港では水面近くの係留ロープに寄り添うように体を横たえている幼魚が時々観察される。飼育に際しては海水を用い、動物質食性で人工飼料にも慣れる。冬期には保温が必要。

クロサギ科 Gerreidae

セッパリサギ

Gerres erythrourus (Bloch)

【全長】40cm

【国内の分布】琉球列島。

【生息環境】砂地の河口域～沿岸域。

【形態・生態など】ヤマトイトヒキサギに似るが、全長3cm以上に成長した個体の腹ビレ・尻ビレ及び尾ビレ下部が黄色になること、背ビレ前方の棘がヤマトイトヒキサギほど伸長しないことなどで区別できる。現在のところ四万十川水系では死滅回遊魚と考えられ、夏から秋にかけ少数の幼魚が記録されている程度で、発見されることは希。飼育に際し、幼魚時は半海水で差し支えないが、成長するにつれ海水に近づけていくとよい。動物質食性で活きた小エビなどを好むが、魚の切身にも慣れる。性質は基本的に温和だが、同属間では縄張り争いも見られる。要保温。

▼体高が高く体長の45%以上ある

クロサギ科 Gerreidae

ダイミョウサギ

Gerres japonicus Bleeker

【全長】20cm

【国内の分布】三重県以南の本州、四国、九州の長崎県。

【生息環境】砂泥底の内湾や河口域。

【形態・生態など】幼魚時はヤマトイトヒキサギに似るが、成長しても第2背ビレ棘は伸長しない。体の大半が銀白色、成長に伴い腹ビレと尻ビレの一部が黄色味を帯びる。四万十川水系では夏から秋にかけ、全長1～3cmほどの幼魚がアマモ場に多数現れ、しばしばクロサギと混生する。飼育に際しては、全長5cm程までは半海水での飼育が可能、それ以降は海水が適している。動物質食性で小エビや魚の切身を好み、人工飼料にも慣れる。成長に伴い縄張り意識が強くなり、同種同士では激しく争うが、全く系統の違う他種に対しては比較的温和。

▼幼魚では背ビレの先端は黒ずみ、棘条は10本ある

▲四万十川産クロサギ属中、最も個体数が多い

クロサギ科 Gerreidae

クロサギ

Gerres equulus (Temminck et Schlegel)

▲幼魚は漁港の岸壁や磯溜りで群れている

【全長】20cm
【国内の分布】南日本。
【生息環境】沿岸の砂地。
【形態・生態など】四万十川水系で記録されているクロサギ属の中では、最も体高が低い。高知県では「アマギ」とも呼ばれ、盛夏を中心として大半の河川河口域に多産する。危険を察すると素早く砂または砂泥に潜る。飼育に際しては当初より海水を用い、動物質食性で特に活きた小エビを好むが､魚の切身にも慣れる。冬期は保温するとよい。性質は温和なので、おとなしい魚との混泳に向く。

クロサギ科 Gerreidae

ヤマトイトヒキサギ

Gerres microphthalmus Iwatsuki, Kimura et Yoshino

【全長】20cm
【国内の分布】和歌山県、高知県、宮崎県、鹿児島県などから記録されている。
【生息環境】砂地の河口〜沿岸域。幼魚はアマモ場にも入る。
【形態・生態など】幼魚時はダイミョウサギに似るが、成長に伴い体高がより高くなり、第２背ビレ棘が著しく伸長する。体色は光沢のある銀白色、側線付近に不明瞭な暗色横帯が並ぶ。四万十川水系ではダイミョウサギに交じって見られるが、あまり多くはない。飼育に際し、幼魚時は半海水でもよいが、成魚は海水が適している。動物質食性で活きた小エビを好むが、魚の切身や人工飼料にも慣れる。他種に対しては比較的温和だが、成長に伴い同種間で争うようになる。

▼背ビレの第２棘が長く伸びる

イサキ科 Haemulidae

コショウダイ

Plectorhinchus cinctus (Temminck and Schlegel)

【全長】55cm
【国内の分布】下北半島以南。
【生息環境】沿岸の岩礁域〜河口域。
【形態・生態など】タイのような体つきで地色は灰褐色、体側には３本の太い暗色帯がある。１本目は眼を貫く横帯となり、２本目と３本目は背側から斜め後方に向けて走り、１本は胸ビレ、もう１本は尾ビレに至る。体側の一部を含め、背ビレから尾ビレにかけて小黒斑が散在する。河川内ではあまり見られない。飼育に際しては海水を用い、冬期の水温が 15℃を下回らないようにする。動物質食性で活きた小エビを好むが、魚の切身にも慣れる。性質は比較的温和で、同サイズのおとなしい魚と混泳させることができる。

▼状態によって体色を暗化させることがある

タイ科 Sparidae

ヘダイ

Sparus sarba (Forsskål)

▲純淡水域までは遡上しない

【全長】35cm
【国内の分布】南日本。
【生息環境】岩礁性の沿岸～河口域、幼魚はアマモ場に侵入する。
【形態・生態など】四万十川水系で見られるタイ科の中では最も体高が高く、頭部が丸い。また、体側に淡い暗色の縦条が多数走る。河川内には初夏、多くの幼魚がキチヌと入れ代わるようにクロダイ幼魚と共に遡上してくる。特に5～6月に多く、梅雨明けの頃には、全長 5cm を超える個体も観察される。飼育に際し、全長 1 ～ 3cm までの幼魚では半海水でも差し支えないが、4cm を超えるあたりからは海水を用いた方が無難。動物質食性で人工飼料にも慣れるが、特に魚の切身を好む。タイの仲間としては比較的温和で、同サイズのアジ類やカゴカキダイなどと混泳させることができる。

タイ科 Sparidae

クロダイ

Acanthopagrus schlegelii (Bleeker)

▲幼魚ではあまりはっきりしないが、体側に 7 ～ 8 条の暗色横帯がある

【全長】60cm
【国内の分布】琉球列島を除く北海道南部以南の日本各地。
【生息環境】岩礁性の内湾及び汽水域、漁港でも見られる。
【形態・生態など】四万十川水系で記録されているタイ科の中では最も体高が低く、吻が尖る。キチヌに似るが、腹ビレと尻ビレは黄色くならない。体色は銀灰色で黒色横帯がある。夏期、キチヌと入れ代わるように多数の幼魚がヘダイと共に河口のアマモ場に遡上してくる。幼魚は群れで行動してくることが多い。飼育に際し、幼魚時は半海水でも飼育できるが、成長するに従って海水に近づけていくとよい。基本的に動物質食性で人工飼料にも慣れるが、魚の切身も好む。キチヌほどではないものの、やや気の荒い面があるので、混泳相手には注意を要する。

▲若魚は夏から秋にかけ河口から 60 ～ 70km 上流まで遡上する

下流

タイ科 Sparidae

キチヌ

Acanthopagrus latus (Houttuyn)

▼黒色斑紋のある幼魚

【全長】 50cm

【国内の分布】 琉球列島を除く千葉県～新潟県以南の日本各地。

【生息環境】 内湾～汽水域。

【形態・生態など】 クロダイに似るが、より体高が高い。幼魚時の体は半透明で、やや幅広い暗色横帯が目立つ。成長に伴って全身が銀白色となり、腹ビレ・尻ビレ及び尾ビレの一部が黄色味を帯びる。雑食性で甲殻類や多毛類のほか、海藻も食べる。性転換することが知られており、1 年目にはオス、2 年目はメスとして機能するという。産卵は秋に行うと考えられ、厳冬期には河口域で全長 1cm 弱の幼魚が多数観察される。幼魚時から成魚まで半海水での飼育が可能。飼育下では人工飼料にも慣れるが、魚の切身を好む。成長に伴い縄張り意識が強くなる。

キス科 Sillaginidae

シロギス

Sillago japonica Temminck et Schlegel

▲光の具合で体側が青く輝く

【全長】30cm
【国内の分布】琉球列島を除く北海道南部以南の日本各地。
【生息環境】砂底の沿岸。
【形態・生態など】天ぷら等の食材として、鮮魚店でもお馴染みの魚。ハゼ科の一種を思わせる体形、生時の体色は一様に光沢のある青白色。水底付近を敏捷に泳ぎ回り、驚くと素早く砂に潜る習性がある。四万十川では、1997年11月16日に河口近くで幼魚1尾が採集され、記録種となった。飼育に際しては当初より海水を用いる。動物質食性で人工飼料にも慣れるが、特に魚の切身を好む。性質は温和で、同サイズのおとなしい魚との混泳に向く。

ヒメジ科 Mullidae

ヨメヒメジ

Upeneus tragula Richardson

▲体側の斑紋は状態によって不鮮明になる

【全長】30cm
【国内の分布】太平洋側では東京以南、日本海側では兵庫県の一部。
【生息環境】沿岸の、砂地と岩礁帯の境界付近。
【形態・生態など】コイに似た体形で背ビレは2基、下アゴに黄色の長い1対のヒゲをもつ。体側は広く銀白色で、赤褐色の不規則な斑紋が散在する。状態によって吻から尾ビレにかけて縦帯が現れることがある。また尾ビレは上葉·下葉共に濃褐色の横帯が数本ある。四万十川水系での初記録は、2002年8月25日に河口域で捕獲された幼魚1尾。その後2009年夏にも幼魚1尾が確認されている。河川内では希だが、夏期には周辺の磯溜りで幼魚がよく見られる。飼育に際しては当初より海水を用い、冬期の水温が20℃を下回らないようにする。動物質食性だが基本的に人工飼料には慣れず、餌はゴカイ類や小エビ等の生体に限られる。

▲数尾の群れで行動していることが多い

チョウチョウウオ科 Chaetodontidae

ハタタテダイ

Heniochus acuminatus (Linnaeus)

【全長】20cm

【国内の分布】太平洋側では青森県下北半島以南、日本海側では長崎県以南。

【生息環境】主に沿岸の岩礁域、漁港でも見られる。

【形態・生態など】おおむね三角形の体つき、体色は白色地で、両眼につながる細い黒条と、体側に幅広の黒色横帯が２本ある。成長に伴い胸ビレと背ビレ及び尾ビレの大半が黄色となり、背ビレの一部が著しく伸長してくる。河川内では希だが、周辺の漁港などでは通年見られ、幼魚は夏期に多い。飼育に際しては海水を用い、冬期は保温する。動物質食性でエビやアサリの身を好む。観賞魚として人気種の１つだが、おとなしい魚を傷つけてしまうことがあるので混泳相手の選択には注意が必要。

▼背ビレの第４棘が著しく伸び
旗を立てたように見えるのでこの名がある

▲しばしば水底を這うような動きを見せる

タカノハダイ科 Cheilodactylidae

タカノハダイ

Goniistius zonatus (Cuvier)

▲体は側扁する

【全長】40cm
【国内の分布】本州中部以南の日本各地。
【生息環境】沿岸の岩礁域。
【形態・生態など】体側には、斜め後方に向けて走る太い赤褐色の横帯がある。これが鷹の羽の模様に似ているので、この名がある。腹ビレと尻ビレが橙黄色、尾ビレは褐色地に小白色斑が散在する。河川内では希だが、3～4月になると付近の磯場に幼魚がよく現れ、夏期には若魚が漁港にも姿を見せる。いずれも、波が打ち寄せる場所を好む傾向が強い。幼魚の動作は比較的緩慢で、危険を感じても一気に泳ぎ去ることはなく、近くの岩や転石の隙間などに身を隠す程度のことが多い。飼育に際しては当初より海水が適し、動物質食性で人工飼料にも慣れる。物怖じしない性質だが比較的温和、本種と同サイズであまり気性の荒くない魚との混泳が可能。

▲幼魚の頭部は丸みが強い

スズメダイ科 Pomacentridae

オヤビッチャ

Abudefduf vaigiensis (Quoy et Gaimard)

【全長】20cm

【国内の分布】千葉県以南の日本各地。

【生息環境】沿岸の岩礁やサンゴ礁、漁港でも見られる。

【形態・生態など】背部の大半が黄色で、側面は淡い青灰色。体側に黒色の横帯が 5 本ある。繁殖期のオスは青味が増す。河川内での記録は少ないが、夏期には周辺の磯溜りなどで幼魚が普通に見られる。海域では類似種のロクセンスズメダイ、シチセンスズメダイなどと混生していることが多い。あまり物怖じせず、驚くと一旦岩陰などに身を隠すが、多くは短時間で再び姿を見せる。飼育水は幼魚時より海水が適し、冬期は保温が必要。人工飼料にも慣れ飼いやすいが、成長に伴い気性がやや荒くなる。

▼磯溜りでは 11 月頃まで幼魚の姿が見られる

▲幼魚は好んで浅場に入る

シマイサキ科 Terapontidae

コトヒキ

Terapon jarbua (Forsskål)

▲ヤガタイサキとも呼ばれる

【全長】30cm
【国内の分布】本州中部以南。
【生息環境】砂〜砂礫質の沿岸域や河口域。幼魚は漁港などでも見られる。
【形態・生態など】シマイサキに似るが、頭部が丸く、体側の黒色縦条が３本で緩くカーブしていることなどで区別できる。盛夏から秋期にかけ多数の幼魚が河川内に入るが、純淡水域まで遡上することはない。群れで行動していることが多く、危険を察知すると転石や堆積物の隙間などに逃げ込み体を密着させる。飼育に際しては、全長 5cm 程までは半海水で差し支えないが、これを超えたあたりからは海水が適している。動物質食性で魚の切身などを好む。丈夫で飼いやすいが、水槽内では成長に伴い縄張り意識が強くなり、同種はもちろん他種に対しても執拗に攻撃するため、単独飼育が無難。

▲四万十川では「スミヒキ」と呼ばれる

シマイサキ科 Terapontidae

シマイサキ

Rhyncopelates oxyrhynchus (Temminck et Schlegel)

▼下流で投網に掛かった成魚

【全長】30cm

【国内の分布】太平洋側では青森県以南、日本海側では富山県以南で八重山群島を除く日本各地。

【生息環境】沿岸域。内湾～河口域に多い。

【形態・生態など】口先が尖り、体色は淡黄色地に顕著な４本の黒褐色縦条が走る。全長5cm位までの幼魚は汽水域のアマモ場を好み、群れで生活していることが多い。夏期、若魚は好んで淡水域に遡上し、時に河口から50kmほど上流でも観察される。水から出すと、頭部と浮き袋をつなぐ特殊な筋肉を伸縮させることで浮き袋が共鳴し、グウグウと聞こえる音を発する。飼育に際しては半海水を用い、魚の切身など動物質の餌を好む。飼育は容易だが好奇心が強く、自身より数倍大きな魚でもヒレをつついて弱らせてしまうことがあるので、混泳させる際には注意が必要。

▲全長 2cm 以下の幼魚では縦条の数が少ない

カゴカキダイ科 Scorpididae

カゴカキダイ

Microcanthus strigatus (Cuvier)

▲成長に伴い体高が出てくる

【全長】20cm
【国内の分布】太平洋側では青森県以南、日本海側では富山県以南。
【生息環境】沿岸の岩礁域を好む。
【形態・生態など】体高が高く台形のような体つき。口先はよく突出し、体色は鮮やかな黄色地に 5 本の黒色縦条が走る。河川内では希だが、初夏を中心として周辺の磯溜りに多産している。通常は群れで行動しているが、物怖じしない性質で、危険を察すると一旦は物陰に隠れるが、短時間の内に再び姿を現すことが多い。飼育に際しては海水を用い、冬期の水温が 20℃を下回らないようにする。動物質食性で魚の切身などを好むが、人工飼料にも慣れ、飼いやすい。やや気の強い面はあるが、同サイズであれば他種を傷つけることもなく混泳が可能。四万十川では 2001 年 4 月 22 日に全長約 1 cm の幼魚 2 尾が確認され、記録種となった。

▲ユゴイに似るが、体高がより高い

ユゴイ科 Kuhliidae

オオクチユゴイ

Kuhlia rupestris (Lacepède)

【全長】 30cm

【国内の分布】 高知県以南。

【生息環境】 汽水域、幼魚は河口近くの淡水域にまで遡上する。

【形態・生態など】 体全体に黒斑が広がり、尾ビレの上葉と下葉に大きな黒色斑がある。眼の上方に僅かな赤褐色部があるが、ヒレには赤褐色斑がない。生態もユゴイと大差がなく、ユゴイの群れに交じって見られる程度で、四万十川水系ではあまり多くない。飼育はユゴイに準じるが、成長に伴い気性が荒くなり、同種はもちろん他種も攻撃するようになる。とはいえ、キチヌなど気の荒い種と同居させると逆に傷つけられてしまうことがあり、できれば単独飼育が望ましい。現時点では死滅回遊魚と考えられるが、2009年秋、近くの海域で成魚が釣り上げられている。

▼高知県の記録が現時点での北限

ユゴイ科 Kuhliidae

ユゴイ

Kuhlia marginata (Cuvier)

▲幼魚では尾ビレ全体が黒化することがある

【全長】20cm を超える。
【国内の分布】静岡県以南。
【生息環境】汽水域。幼魚は中流の淡水域まで遡上する。
【形態・生態など】体側上方と尾柄周辺に不規則な暗色斑が散在する。眼の上端・背ビレ・尻ビレ・尾ビレの一部が赤褐色で、背ビレと尾ビレの一部が黒く縁取られる。幼魚は夏から秋にかけ河川内に多く、しばしば流れ込みのある小さな淵に留まって流下してくる水生昆虫などを捕食している。その際、カワムツなどの幼魚をよく追い払う。飼育に際しては半海水を用い、冬期の水温が 18℃を下回らないようにする。動物質の餌を好み、人工飼料にも慣れる。成長するにつれ縄張り意識が強くなる。

▲四万十川では近年増加傾向にある

イソギンポ科 Blenniidae

トサカギンポ

Omobranchus fasciolatoceps (Richardson)

▲四万十川では柴漬け漁で混獲される

【全長】7cm
【国内の分布】富山湾、東京湾、瀬戸内海、土佐湾。
【生息環境】岩礁や転石の多い内湾や河口域。フジツボが多生する漁港でも見られる。
【形態・生態など】頭頂部にあるトサカ状突起が、本種最大の特徴。体の大半がヤマブキ色で、頭部側面に白と黒の明瞭な横縞がある。河川内での記録は多くないが、漁港ではカキが張り付いた壁面を縫うように移動しながら摂食行動する姿がよく見られる。また、イダテンギンポやクモギンポなど他のギンポ類と混生していることが多く、水底の空き缶を住処にしていることも珍しくない。飼育に際しては海水を用い、冬期の水温が20℃を下回らないようにする。動物質食性でエビやアサリの身などを好む。比較的おとなしい魚との混泳が可能。ただ、同種間では縄張り争いをすることがあるので、複数飼育の際にはそれぞれに隠れ処を作ってやるとよい。

イソギンポ科 Blenniidae

イダテンギンポ

Omobranchus punctatus(Valenciennes)

【全長】10cm

【国内の分布】東京湾以南〜九州南部。

【生息環境】岩礁や転石が多い海岸や河口域、漁港にも多い。

【形態・生態など】頭部は丸みを帯び側面に横縞がある。体色は一様に黒色味が強く、体側には多数の縦線がある。後半部の体斑が網目状となる個体も見られる。行動は混生するトサカギンポほど神経質ではない。四万十川では、2003年11月〜2004年10月の期間にテレビの番組制作による水中撮影で初めて確認された。飼育に際しては海水を用い、冬期の水温が20℃を下回らないようにする。動物質食性でエビやアサリの身などを好む。比較的おとなしい種との混泳は可能だが、同種間では縄張り争いをすることがある。

▼体は細長く側扁する

イソギンポ科 Blenniidae

ナベカ

Omobranchus elegans (Steindachner)

【全長】6cm

【国内の分布】北海道南部〜九州。

【生息環境】沿岸の岩礁域。

【形態・生態など】体の大半が黄褐色、頭部から体の前半にかけ不規則な暗色横帯がある。また、尻ビレ付近から尾ビレにかけては、黒色とルリ色の小斑が散在する。四万十川流域において、河川内ではほとんど見られず、周辺の磯溜りに生息しているものの、個体数は多くない。タイドプールでは波が打ち寄せる場所の転石や岩の隙間などを住処とし、その周辺で摂食活動する姿が観察できるが、同時に観察されるクモギンポに比べ神経質で、危険を感じるとたちまち巣穴に隠れ、長時間姿を見せないことも珍しくない。飼育に際しては海水を用い、餌はエビやアサリの身などを好む。臆病なので隠れ処が必要。

▼全国的には普通種とされる

イソギンポ科 Blenniidae

ニジギンポ

Petroscirtes breviceps (Valenciennes)

▲中層を活発に遊泳する

【全長】11cm
【国内の分布】青森県以南の南日本。
【生息環境】岩礁性の沿岸及び河口域、漁港でもよく見られる。
【形態・生態など】体は細長く、やや側扁する。眼の後方から尾柄にかけて黒色縦帯が走る。四万十川では、1996年10月27日に河口域で全長2cmの幼魚1尾が初めて記録された。その後の記録は見られないが、周辺の漁港などでは通年普通に見られ、漁船の係留ロープに張り付くようにして休む姿や、付着藻類などを摂食する行動がよく観察される。また、他のギンポ類同様、水底に沈んだ空き缶を住処にしていることがある。飼育に際しては海水を用い、冬期の水温が20℃を下回らないようにする。飼育下ではエビやアサリの身などを好む。物陰に隠れる習性があるので、隠れ処を作ってやるとよい。

ネズッポ科 Callionymidae

ネズミゴチ

Repomucenus curvicornis (Valenciennes)

▲第1背ビレ後縁に黒色斑をもつメス個体

【全長】20cm
【国内の分布】北海道南部以南。
【生息環境】砂底の海岸～河口域。
【形態・生態など】ヒメハゼの各ヒレを大きくしたような体形で、縦扁する。背面全体に褐色のモザイク模様が広がり、砂地に擬態している。口は下向きに突き出ており、水底にある餌を摂るのに適している。四万十川では、2003年11月から2004年10月に実施されたテレビの番組制作にかかる、魚類の水中撮影で初めて記録された。その後、2006年3月30日にも河口域で幼魚1尾の生息を確認している。飼育に際しては海水を用い、動物質食性で活きた小エビやゴカイなどを好む。おとなしい魚との混泳が可能。

カワアナゴ科 Eleotridae

ヤエヤマノコギリハゼ

Butis amboinensis (Bleeker)

【全長】10cm
【国内の分布】土着は八重山群島の石垣島と西表島。
【生息環境】淡水の影響を強く受ける汽水域。
【形態・生態など】体の大半が褐色で、胸ビレ周辺など体側の下方に朱色の斑点がある。頭部が尖り、尾ビレの上方 1/3 程度が透明。頭部を下向きにして、水中の枯れ枝などに張り付く習性が強い。四万十川水系では、1996 年 8 月 29 日に河口近くの支流で全長 1cm 程の幼魚が初記録されて以降数年間、夏から秋にかけて河口近くの本流や支流で計 6 尾が記録されている。ただし、1999年11月7日の 1 尾以降は記録が途絶えている。飼育に際しては半海水を用い、冬期の水温が 18℃を下回らないようにする。動物質食性で活きた小エビを好む。性質は温和。

▼獲物を狙う時には頭部を水面に向けることもある

カワアナゴ科 Eleotridae

チチブモドキ

Eleotris acanthopoma Bleeker

【全長】13cm
【国内の分布】小笠原諸島を含む、千葉県以南の日本各地。
【生息環境】主に泥底の汽水域で、転石の多い場所を好む。幼魚はアマモ場に多く見られる。
【形態・生態など】全身が淡褐色の時や、体側の大半が黒褐色になる時など、状況によって著しく体色を変化させる。カワアナゴに似るが、体全体がより太短く、頭部の丸みが強いこと、尾ビレ基部にやや明瞭な 2 個の黒斑があることなどで区別できる。飼育に際しては半海水を用い、冬期の水温が 20℃を下回らないようにする。動物質食性で活きた小エビや小魚を好み、魚の切身にも慣れる。成長に伴い縄張り意識が強くなるので、同種はもちろん底生のハゼ類とは混泳させない方がよい。

▼転石の隙間などに潜んでいることが多い

カワアナゴ科 Eleotridae

オカメハゼ

Eleotris melanosoma Bleeker

▲2009 年には愛媛県でも記録された

【全長】15cm

【国内の分布】静岡県以南の太平洋各地、琉球列島。

【生息環境】河口域〜汽水域。

【形態・生態など】体形はチチブモドキによく似るが、胸ビレ基部上方に暗色斑が1個、尾ビレ基部上方に濃い暗色斑が1個、さらにその下側にも薄い暗色斑が2個ある。四万十川水系では 1992 年に初めて記録されているが、現段階では希で、迷入種と考えられる。他のカワアナゴ科の種同様、水底の沈水木や転石などの隙間に隠れていることが多い。飼育に際し幼魚時には半海水を用いるが、成魚では淡水での飼育が適している。冬期の水温が 18℃を下回らないようにし、動物質食性で活きた小エビなどを好み、魚の切身にも慣れる。成長に伴い気性が荒くなるので、単独飼育が望ましい。

カワアナゴ科 Eleotridae

テンジクカワアナゴ

Eleotris fusca (Bloch et Schneider)

▲カワアナゴ属の正確な分類は外見では難しい

【全長】20cm

【国内の分布】九州南部以南、静岡県や高知県でも少数個体が見つかっている。

【生息環境】河川中流域〜下流の流れの緩い所。

【形態・生態など】体形や体色はオカメハゼに酷似する。通常は各ヒレの透明感が強く、やや細身とされるが、正確な同定には眼の下（頬）の孔器列を比較する必要がある。他のカワアナゴ科の種同様、水底の沈水木や転石の下などに潜んでいる。飼育に際し、幼魚時には半海水を用いるが、全長 5cm を超えた個体では淡水での長期飼育ができる。ただし、冬期の水温が 18℃を下回らないようにする。動物質食性で活きた小エビを好むが、魚の切身にも慣れる。成長に伴い縄張り意識が強くなり、同種はもちろん他種も傷つけてしまうことがあるので、単独飼育が望ましい。

カワアナゴ科 Eleotridae

タナゴモドキ

Hypseleotris cyprinoides (Valenciennes)

【全長】8cm
【国内の分布】主に琉球列島。近年、和歌山県や高知県でも発見されている。
【生息環境】河川下流域で、淵や流れの緩い所。
【形態・生態など】体高が高く側扁し、体形がコイ科のタナゴ類に似ているため、この名がある。体色は黄褐色で、体側には吻から尾柄に至る暗色縦条が走る。通常は中層を長時間遊泳する。四万十川水系では 1996 年に河口近くの支流で初めて記録された。ただし、その後は記録されていない。淡水での長期飼育が可能で、冬期の水温が 18℃を下回らないようにする。動物質食性で人工飼料にも慣れ、飼いやすい。性質も温和で、おとなしい魚との混泳に向く。よく跳ねるので飛び出し防止のフタが必要。観賞魚としても人気種の1つ。

▼写真はメスで、オスは頭部が盛り上がる

ハゼ科 Gobiidae

タビラクチ

Apocryptodon punctatus Tomiyama

【全長】7cm
【国内の分布】本州、四国、瀬戸内地方、有明海、高知県、宮崎県など。
【生息環境】内湾の干潟。
【形態・生態など】口は下向きで大きく、一見両生類を思わせる風貌をしている。全身の大半が緑褐色で、体側には楕円形の暗色紋が並ぶ。現在のところ四万十川水系では、1997年3月11 日に採集された幼魚 1 尾が唯一の記録。飼育に際しては半海水を用い、餌は海水魚用の人工飼料やアルテミア幼生を与えるが、個体によっては受けつけないことがある。また、摂食しているように見えても実際には嚥下していないことがあるので注意する。

▼飼育下での性質は温和

▲干潟を這うようにして餌をあさる

ハゼ科 Gobiidae

トビハゼ

Periophthalmus modestus Cantor

▲体が湿っていれば皮膚呼吸で陸上生活できる

【全長】 10cm

【国内の分布】 東京湾以西の本州、四国、九州、太平洋岸、瀬戸内海、沖縄本島以北の南西諸島。

【生息環境】 泥深い河口干潟等。

【形態・生態など】 体色は淡褐色で体側は水色がかり、背面には「く」の字型をした濃褐色の斑紋がある。上方に突き出た眼と、よく発達した胸ビレが特徴。活動時間の大半を水上で過ごすという特異な習性をもつ。干潮時には摂食のため干潟上を活発に這い回る。繁殖期は春から夏にかけてで、夏の終わり頃から干潟上に全長２cmほどの幼魚が現れる。冬期、成魚を目にすることはまずないが、幼魚は晴天の穏やかな日によく姿を見せる。飼育に際しては海水：真水比３：７の汽水を用いる。人工飼料にもよく慣れ飼いやすい。ただし、陸上生活をするための浮島や陸地部分を作っておく必要がある。四万十川水系では生息地が数ヶ所あり、いずれの場所でも個体数の減少は感じられないものの、多くの希少野生生物が生息する河口干潟の環境保全を主目的に、2007年8月1日付で

▲潮が満ち、浮いた板きれに飛び乗った成魚と幼魚

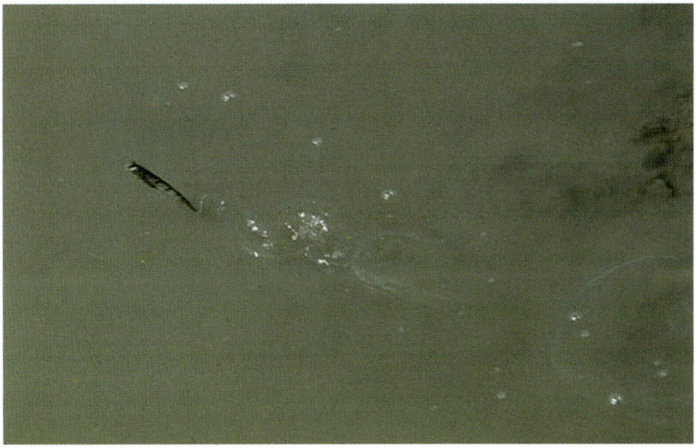

▲驚いた時などには、尾で水面を掻いて移動する

高知県野生動植物種に指定され、無許可での捕獲や飼育が固く禁じられている。

ハゼ科 Gobiidae

チワラスボ

Taenioides cirratus (Blyth)

▲体色が血の色に似るのでこの和名がつけられた

【全長】15cm
【国内の分布】静岡県以南の本州、四国、九州。
【生息環境】泥深い内湾～河口干潟。
【形態・生態など】ウナギのような体形をしているが、ハゼの仲間。眼はほとんど退化して小さく、下アゴが突き出て一種不気味な風貌をしている。生息地での体色は赤褐色。四万十川水系では必ずしも個体数は少なくないが、泥中深く潜るという特異な習性のため、実際以上に希種と思われているきらいがある。飼育に際しては半海水を用い、基本的に動物質食性で魚の切身にも慣れる。さほど飼いにくくはないが、見かけによらず性質は温和で動作も緩慢なので、気の強い魚との混泳は避けたい。飼料の種類にもよると考えられるが、長期飼育の個体では体色の赤味が薄れることが多い。

ハゼ科 Gobiidae

シロウオ

Leucopsarion petersii Hilgendorf

▲別名ドロメ　おどり食いや天ぷらなどに利用される

【全長】6cm
【国内の分布】北海道南部～九州。
【生息環境】沿岸域。
【形態・生態など】体形は細長く、全身が透明で内臓や脊椎骨が透けて見える。背ビレは1基、鱗と側線を欠き、オスでは体側の中央にほぼ等間隔で白色小斑が、メスでは腹部下方に黒色の小斑がある。沿岸域で主に動物性プランクトンなどを捕食して成長、3～4月にかけ産卵のため河川内に遡上してくる。四万十川では、数尾から数十尾の群れで行動していることが多い。同時に見られるアユの稚魚と紛らわしいが、浮き袋がはっきり見えることで区別は容易。飼育に際し、1年魚なので長期飼育は叶わないが、河川内に遡上してきた成魚を真水：海水比9：1で3ヶ月ほど飼育でき、おとなしい魚となら混泳も可能。

ハゼ科 Gobiidae
イドミミズハゼ
Luciogobius pallidus Regan

【全長】7cm
【国内の分布】静岡県以西の本州各地、四国南部、長崎県、熊本県などから記録されている。
【生息環境】河口近くの井戸や、湧水がある砂礫底の汽水域など。
【形態・生態など】地下水脈を徘徊するという特異な習性から、記録地においても個体数や生態等の状況把握は困難を極める。四万十川水系での記録は現在のところ、2008年2月10日に河口近くの支流で全長3cmほどの幼魚が記録されているのみ。なお、高知県では「絶滅が懸念されるほどの個体数減少」を理由に、2007年8月1日付で県の希少野生動植物種に指定されており、高知県産の本種については無許可での採集や飼育が固く禁じられている。このため、先述の個体も本種であることを確認後、再放流した。

▼ミミズハゼに似るが、赤色味が強い

ハゼ科 Gobiidae
ミミズハゼ
Luciogobius guttatus Gill

【全長】8cm
【国内の分布】日本各地。
【生息環境】河口～沿岸。礫質の浅瀬を好む。
【形態・生態など】体色は一様に黄褐色または濃褐色で、微小な淡色紋が散在する。体表のぬめりが強く、頭部は縦扁し、狭い砂利の隙間に潜るのに適している。驚いた時などはドジョウのように素早く体をくねらせ、転石の隙間などに潜り込む。夏期には大形個体がほとんど淡水域にまで遡上する。飼育に際しては夏期の水温が25℃を越えないようにし、ごく薄い汽水（海水濃度10～20%）を用いる。基本的に動物質食性で、飼育下では冷凍赤虫を好む。性質は温和で、本種の口に入らないおとなしい魚との混泳に向く。石の隙間など狭い所へ潜む習性があるので、適宜パイプや小石などを利用するとよい。

▼和名のとおりミミズのような体形をしている

ハゼ科 Gobiidae

ヒモハゼ

Eutaeniichthys gilli Jordan et Snyder

▲冬期にはクボハゼとよく混生する

【全長】4cm
【国内の分布】本州、四国、九州。
【生息環境】砂泥質の沿岸〜河口域。
【形態・生態など】ハゼ類中では群を抜いて細身、他種と見まがうことはない。吻は突出し丸みを帯びる。体側には吻から尾ビレ後端にかけて1本の黒条が走り、背面は淡褐色、腹面は白っぽい。四万十川水系では通年見られ、特に冬期から早春にかけて多い。実際以上に希種と考えられている節があるが、カニ類等の巣穴を住処にしているとされる本種が、各種河川調査の多い夏期には、何らかの要因でそこからほとんど出てこないためではないかとも思われる。飼育に際しては半海水を用い、夏期の水温が25℃を越えない方が好ましい。基本的に動物質食性で、飼育下では冷凍赤虫も利用できるが、アルテミア幼生など極小な活餌をより好む。ゴマハゼ等、ごく小形の汽水魚とのみ混泳が可能。

ハゼ科 Gobiidae

タネハゼ

Callogobius tanegasimae (Snyder)

▲抱卵したメスの腹部は橙色になる

【全長】10cm
【国内の分布】静岡県以南の本州、四国、九州、南西諸島。
【生息環境】転石の多い泥〜砂泥底の感潮域。
【形態・生態など】体は細長く淡褐色地に不規則な赤褐色の斑紋がある。本種最大の特徴は胸ビレ及び尾ビレが体の大きさに対し不釣合いに思えるほど長大なこと。通常は砂泥に作られた甲殻類の巣穴などに潜んでいるとされるが、夏期には穴の外での活動時間が長くなるものと思われ、かなり多くの個体が観察できる。飼育に際しては半海水を用い、冬期の水温が18℃を下回らないようにする。基本的に動物質食性で、飼育下では冷凍赤虫や人工飼料にも慣れる。性質は比較的温和で、本種の口に入らない大きさでおとなしい魚との混泳に向く。

ハゼ科 Gobiidae

アゴハゼ

Chaenogobius annularis Gill

▼漁港では幼魚がゴマハゼの群れに交じることがある
写真は成魚

【全長】8cm
【国内の分布】北海道〜種子島。
【生息環境】海岸の磯溜り、漁港でも見られる。
【形態・生態など】頭部の丸みが強く、体色は黒褐色と黄褐色のまだら模様。体形がよく似たドロメとは、胸ビレに斑紋があること、尾ビレに白い縁取りがないこと等で区別できる。四万十川水系では近年になって記録された種。河川内での確認例は少ないが、周辺の磯溜りでは夏期を中心に普通に見ることができ、盛夏には水面近くで幼魚の群れがよく観察される。飼育に際しては海水を用い、冬期は保温するとよい。基本的に動物質食性で魚の切身などを好むが、人工飼料にも慣れる。成長に従い気性が荒くなる面があり、特におとなしいハゼ類との混泳は避けたい。

ハゼ科 Gobiidae

ヒトミハゼ

Psammogobius biocellatus (Valenciennes)

▼尾ビレ下葉に黒褐色の横帯が見られる

【全長】8cm
【国内の分布】伊豆半島以南の本州、四国、九州の太平洋沿岸、南西諸島。
【生息環境】泥底の汽水域。
【形態・生態など】体形は比較的細身、口が鋭く尖り、体色は淡褐色地に濃褐色の不規則な斑紋がある。眼の上部に小突起があることが本種最良の識別点となる。四万十川水系では、2000 年 8 月 29 日に河口域で幼魚 1 尾の生息が初めて確認され、記録種となった。その後も数尾が確認されている。飼育に際しては半海水を用い、冬期の水温が 20℃を下回らないようにする。基本的に動物質食性で活きた小エビなどを好み、人工飼料には慣れにくい。飼育下では温和で、ほとんど遊泳しない。混泳相手には本種の口に入らない大きさでおとなしい魚を選びたい。

▲危険を感じると、テッポウエビなどの巣穴に逃げ込む

ハゼ科 Gobiidae

クボハゼ

Gymnogobius scrobiculatus (Takagi)

▲体側下方に短い黒褐色横帯が並ぶ

【全長】4cm

【国内の分布】福井県～和歌山県、本州、四国、九州等。

【生息環境】砂泥底の汽水域。

【形態・生態など】上方から見ると頭部は丸く、眼が少し突き出る。体の大部分が淡褐色で、体側には濃褐色の横縞がある。腹部はおおむね白色で、体表はぬめりが強い。四万十川水系ではほぼ通年見られるが、特に冬期から早春にかけ、多数の成魚が淡水域近くまで遡上してくる。幼魚は厳冬期を除き通年見られ、海域近くに多い。通常は長距離を泳ぎまわることなく、川底の泥上を這うように移動する。比較的深い泥中から見出されることもある。飼育に際しては半海水を用い、夏期の水温が 25℃を越えないようにする。基本的に動物質食性で、飼育下では冷凍赤虫を好む。性質は温和なので、小形のおとなしい魚との混泳に向く。

▲多くは生後１年で一生を終える

下流

ハゼ科 Gobiidae

ビリンゴ

Gymnogobius breunigii (Steindachner)

【全長】6cm

【国内の分布】北海道～屋久島。

【生息環境】砂礫底の汽水域～淡水域。

【形態・生態など】ウキゴリに似るが、頭部が短く体高がやや高い。背面から側面にかけて淡黄色で、暗色と白色のモザイク斑が散在する。３月上旬には幼魚が河口から2km辺りまで遡上している。盛夏には成魚となり、一部は河口から40kmも遡上する。河口近くの個体は、湧水がある場所に多い。通常は幼魚・成魚共に群れで行動し、流れが緩い部分の中層を浮遊する習性がある。飼育に際しては海水濃度20～30%の汽水を用い、冬期は保温するとよい。飼育下では冷凍赤虫を好むが、人工飼料にも慣れる。性質は温和なので、本種の口に入らないおとなしい魚との混泳に向く。

▼オスではなくメスに婚姻色が現れる変わり者

ハゼ科 Gobiidae

ウロハゼ

Glossogobius olivaceus
(Temminck et Schlegel)

▲体色は、成長や状態によってもほとんど変化しない

【全長】20cm

【国内の分布】茨城県～新潟県以西の本州、四国、九州、種子島等。

【生息環境】内湾～河口域、砂礫底、泥底いずれにも見られる。

【形態・生態など】四万十川水系では最も普通に見られる、大形汽水性ハゼの一種。体形はややマハゼに似る。体色は灰褐色または黄褐色で、濃褐色の斑紋をもつ。また眼から口にかけて黒色条が伸びる。幼魚から成魚まで通年見られ、通常はあまり泳ぎ回ることなく水底で砂泥などに体を半分埋めていることが多い。基本的に常温で飼育でき、半海水を用いる。動物質食性で活きたエビや魚を好むが､魚の切身にも慣れる。成長に従って縄張り意識が強くなり、同種を含め底性のハゼ類を激しく追い立て傷つけてしまうことがある。ただし、ユゴイやボラなど同サイズで中層を敏捷に泳ぐ種であれば、混泳も可能。

ハゼ科 Gobiidae

サビハゼ

Sagamia geneionema (Hilgendorf)

▲成熟オスの第2背ビレと尾ビレは、メスより広い

【全長】15cm

【国内の分布】本州、四国、九州。

【生息環境】砂～砂泥質の内湾や沿岸。

【形態・生態など】体形や体斑はヒメハゼに似るが、頭部の丸みがより強く、下アゴから咽頭部にかけて多数のヒゲをもつ。また、尻ビレの一部が黄色であることもヒメハゼとのよい区別点となる。四万十川水系では 1974 年の捕獲記録があるだけで、最近の記録は見られない。飼育水は海水を用い、主に動物質食性と思われるが、詳細については不明。

▲ウロハゼと並ぶ大形汽水性ハゼの一種

ハゼ科 Gobiidae

マハゼ

Acanthogobius flavimanus（Temminck et Schlegel）

【全長】20cm

【国内の分布】北海道～種子島、隠岐、対馬等。

【生息環境】内湾～河口域。泥底、砂礫底は問わない。

【形態・生態など】幼魚では第 1 背ビレ後縁に明瞭な黒斑があるが、成長に従い消失する。尾ビレの上方 2/3 辺りまで小黒斑列が並ぶが、それより下方には目立つ斑紋がない。全長 2cm 前後の幼魚が 4 月下旬頃より河川に遡上し、9 月上旬には 10cm 程までに成長している。飼育に際しては半海水を用い、冬期は保温した方がよい。主に動物質食性で活きたエビや魚を好むが、魚の切身にも慣れる。成長に従って縄張り意識が強くなるので、混泳水槽では注意を要する。

▼成魚の顔　口は下向き

ハゼ科 Gobiidae

アシシロハゼ

Acanthogobius lactipes (Hilgendorf)

▲成熟オスの頭部は長くなる

【全長】8cm
【国内の分布】北海道南部～九州、隠岐、対馬など。
【生息環境】砂泥底の内湾～河口域。
【形態・生態など】マハゼやゴクラクハゼの幼魚に似るが、頭部がより小さく丸みを帯び、全体的に幾分細身の印象を受ける。また、成魚オスでは第1背ビレの棘が糸状に伸びる。体色は淡褐色地に淡色の横縞が並び、暗色の小斑が散在する。腹側は白い。幼魚時には混生するゴクラクハゼの幼魚と紛らわしいことがあるが、尾ビレの下方 1/4 ほどの斑紋を欠くので区別は容易。通年見られ、特に成魚は早春にクボハゼやヒメハゼと混生し、少なくない。飼育に際しては半海水を用い、冬期の水温が10℃を下回らないようにする。飼育下では冷凍赤虫を好み、人工飼料にも慣れる。性質は比較的温和で、同サイズのおとなしい魚との混泳に向く。

ハゼ科 Gobiidae

マサゴハゼ

Pseudogobius masago (Tomiyama)

▲尾ビレ付け根に三角形の暗色斑がある

【全長】3cm
【国内の分布】宮城県以南の本州、四国、九州、沖縄本島までの南西諸島、対馬など。
【生息環境】泥深い干潟。
【形態・生態など】四万十川水系ではゴマハゼに次ぐ小形のハゼ。頭部から尾部にかけ、ほとんど体高変化がない円柱のような細長い体つきで、頭部は丸みを帯びる。体色は灰褐色で透明感が強い。秋期と春期には、干潟にできた浅い流れに多数の個体が群れていることがある。成魚は早春に、幼魚は秋に多い。危険を感じた時などには干潟上を不規則に跳びはねて逃避する行動が観察される。本種の生息地はおおむねトビハゼのそれと重なる。四万十川水系では、1996 年3月４日に初めて記録されているが、個体数は少なくない。飼育に際しては半海水を用い、小形で温和なゴマハゼやヒモハゼとの混泳が可能。口が小さいので、飼育下ではアルテミア幼生を与えるとよい。

▲流れのある瀬を好む

ハゼ科 Gobiidae

ヒメハゼ

Favonigobius gymnauchen (Bleeker)

【全長】9cm

【国内の分布】宮城県～山形県以南の本州、四国、九州、琉球列島。

【生息環境】砂底の内湾～河口域、海域でも見られる。

【形態・生態など】やや細身で頭部が短いハゼ。体色は淡褐色地に黄白色の小斑点が散在し、生息地の砂底と紛らわしい。また、尾ビレ基部にはＹの字を横にしたような黒斑がある。四国西南部の河川では成魚・幼魚とも通年見られる。四万十川では、1997年4月20日に初めて記録されて以降、増加傾向にあり、河口域の底質が従来の泥地から本種が好む砂地へと変化していることが疑われる。飼育に際しては海水に近い汽水を用い、冬期は保温するとよい。飼育下では冷凍赤虫を好むが人工飼料にも慣れる。

▼砂泥の中に浅く潜っていることが多い

ハゼ科 Gobiidae

ノボリハゼ

Oligolepis acutipennis (Valenciennes)

▲幼魚は秋期に多い

【全長】10cm

【国内の分布】従来は種子島以南に分布するとされていたが、現在は九州本土南部や四国南部にも土着している可能性がある。この他、本州の一部（千葉県、静岡県、和歌山県等）でも記録されている。

【生息環境】干潟など、泥深い汽水域。

【形態・生態など】体形はやや細長く側扁し、頭部は大きく丸みを帯びる。全身淡黄緑色で、褐色の不規則な斑紋がある。眼から口に向けて１本の黒条が走り、口とエラブタの一部が金緑色に光る。第１背ビレが帆を立てたように伸長し、尾ビレは細長くひし形状。生息地では、軟泥上を這うように移動しながら摂食する姿も見られる。四万十川水系では、1995年12月23日に幼魚１尾が初めて採集されて以降、四万十川水系及びその周辺の河川で継続的に相当数の個体が確認されている。飼育に際しては半海水を用い、冬期の水温が18℃を下回らないようにする。飼育下では冷凍赤虫などを好み、飼いやすい。温和な小形魚との混泳が可能。

ハゼ科 Gobiidae

クチサケハゼ

Oligolepis stomias (Smith)

▲まさに裂けるほど口を開けて餌をあさる

【全長】7cm

【国内の分布】四国南部、九州南部、小笠原諸島、南西諸島。南方系のハゼだが、四国西南部にも土着している可能性が高い。

【生息環境】干潟など泥深い汽水域。

【形態・生態など】ノボリハゼに似るが、口がより大きく、その後端は眼の後縁を越える。また、眼の下に伸びる黒条は口の手前でエラブタ方向に屈曲し、ノボリハゼとのよい識別点となる。生態行動はノボリハゼと大差ない。四万十川水系では、2003年10月15日に本流の河口近くで幼魚１尾が初めて採集され、記録種となった。以降、四万十川水系及びその周辺でも継続的に確認されている。ただ、何れの水域においてもノボリハゼに交じって見つかる程度で個体数は多くない。飼育に際してはノボリハゼ同様半海水を用い、冬期の水温が18℃を下回らないようにする。飼育下では冷凍赤虫などを好む。

▲四万十川水系では通年見られ、個体数も少なくない

下流

ハゼ科 Gobiidae

ヒナハゼ

Redigobius bikolanus (Herre)

【全長】3cm

【国内の分布】神奈川県～兵庫県以南の本州、四国、九州、西表島等。

【生息環境】河口近くの汽水域。泥底、砂礫底は問わない。

【形態・生態など】ずんぐりした小形のハゼ。黄褐色地に黒褐色の不規則な模様がある。オスの頭部は成長に伴い肥大してくる。どちらかと言えば塩分濃度の薄い水域を好むようで、夏期には純淡水域付近まで遡上している。また、夏期には多くの個体が浅場に集中しているが、冬期には深場に移動する。飼育に際しては半海水もしくはこれより薄い汽水を用い、冬期の水温が18℃を下回らないようにする。冷凍赤虫を好み、人工飼料にも慣れる。性質も温和で、おとなしい小形種との混泳が可能。

▼四万十川産個体は、八重山産個体ほど大形にならない

ハゼ科 Gobiidae

アベハゼ

Mugilogobius abei (Jordan et Snyder)

▲トビハゼと混生していることも多い

【全長】5cm
【国内の分布】宮城県～石川県以南の本州、四国、九州、種子島等。
【生息環境】泥深い汽水域。
【形態・生態など】頭部は丸みが強く、歌舞伎の隈取《くまどり》のような模様がある。通常は体全体が黄褐色で体側に黒褐色条があり、前半は横縞、後半では縦縞となる。成魚になると第1背ビレの棘が伸びる。生息地では主にテッポウエビの巣穴を住処とし、干潮時、浅場に多数の個体が集まっていることがある。その際、外敵に襲われるなど危険を感じると、泥上を不規則に跳びはねて逃避する行動が観察される。汚染に強く、しばしばヘドロが堆積した水域からも見出される。基本的に常温で飼育でき、海水濃度10～30%の汽水を用いる。雑食性で人工飼料にも慣れ、飼いやすい。

ハゼ科 Gobiidae

クロコハゼ

Drombus sp.

▲成熟オスの第２背ビレと尾ビレの上縁は黄色く縁取られる

【全長】6cm
【国内の分布】静岡県以南の本州、四国、九州、南西諸島など。
【生息環境】砂礫底の内湾～河口域。
【形態・生態など】比較的頭部が大きく、上方から見ると口が少し突き出る。体全体の黒味が強く、オス成魚の第１背ビレには黒色斑がある。通常は転石や堆積物の下に潜み、あまり泳がない。四万十川水系では、1997年3月11日に河口近くの支流で幼魚１尾が初めて採集され記録種となった。その後も本流を含め生息が確認されているが多くない。飼育に際しては半海水を用い、冬期の水温が18℃を下回らないようにする。動物質食性で特に冷凍赤虫を好む。成長するにつれ気性が荒くなるので、混泳水槽では注意を要する。

▲四万十川産ハゼ類の中では、美麗種の1つ

ハゼ科 Gobiidae

スジハゼA

Acentrogobius sp. A

【全長】7cm
【国内の分布】南日本。
【生息環境】砂泥底の内湾〜河口域。
【形態・生態など】頭部は角張った印象を受け、鱗の輪郭が明瞭で、体側には黒色斑とルリ色斑が散在する。通常はテッポウエビの巣穴などに潜んでおり、その周辺での摂食行動も観察される。動作は比較的緩慢で、驚いても一気に遠くまで逃避しない。四万十川水系では、1997年3月9日に初めて記録されて以降継続的に確認されており、春期に成魚が多い。飼育に際しては海水に近い汽水を用い、冬期は保温するとよい。冷凍赤虫を好み、人工飼料にも慣れる。気性がやや荒いので、おとなしいハゼ類との混泳は避けたい。スジハゼにはいくつかのタイプが知られており、Aタイプは腹ビレの縁が黒い。

▼ヒモハゼと混生していることが多い

ハゼ科 Gobiidae

ゴマハゼ

Pandaka sp. A

▲幼魚は秋期に多く見られる

【全長】1.5cm

【国内の分布】三重県以南の本州、四国（高知県）、九州、屋久島、対馬など。

【生息環境】内湾～河口域の岩場などに多い。フジツボが多生する漁港にも見られる。

【形態・生態など】四万十川水系の記録魚種中で最も小形。全体的に丸みを帯び、透明感が強く、小さな黒斑が散在する。第１背ビレは大半が黒色。通常は中層から水面近くを群れで浮遊していることが多い。驚くと付近の岩などに張り付くようにして静止する。生息地では、サツキハゼと混生していることが多い。塩分濃度変化への適応力に優れ、海水域から淡水域近くまで生息している。四万十川水系では、1995年10月11日に成魚１尾が初めて記録され、その後も継続的に確認されている。飼育に際しては半海水を用い、冬期は保温するとよい。飼育下ではアルテミア幼生を好み、人工飼料にも慣れる。性質が温和なので、混泳相手には注意したい。

ハゼ科 Gobiidae

アカオビシマハゼ

Tridentiger trigonocephalus (Gill)

▲幼魚から成魚まで通年見られる

【全長】8cm

【国内の分布】北海道～九州までの日本各地。

【生息環境】内湾～岩礁域を好み、しばしば漁港にも多産する。

【形態・生態など】頭部が丸く同属のヌマチチブに似るが、純淡水域まで遡上してくることはまずない。体色は個々の状態によって変化し、体の背面から側面にかけて４本の明瞭な縦縞が見える時と、全身を暗化させている時がある。四万十川水系では本流河口域にのみ生息する。好奇心が強く、生息地で貝の身などを投げ込むと、短時間の内に多くの個体が集まってくる。水底に沈んだ空き缶を産卵床として利用する習性があり、その中に産みつけられた卵を守っているオスの姿もよく観察される。飼育に際しては幼魚・成魚とも海水が適している。雑食性で特に魚の切身を好む。丈夫で飼いやすいが気の荒い面があり、混泳水槽では注意が必要。成魚はより一層縄張り意識が強くなる。

▲成魚オスの体形はメスに比べ、ほっそりしている

クロユリハゼ科 Ptereleotridae

サツキハゼ

Parioglossus dotui Tomiyama

【全長】5cm

【国内の分布】石川県〜千葉県以南の本州、四国、九州、南西諸島、隠岐、対馬など。

【生息環境】内湾や河口域の岩礁地帯。カキが密生する漁港にも多産する。

【形態・生態など】体側には口から尾ビレにかけて太い黒条が走る。頬には金属光沢の強いルリ色斑がある。本来は海域に生息し、河川内には渇水期に遡上する。特に盛夏から秋口にかけ、若魚がよく見られる。海域・河川内問わず数尾〜数百尾の群れで特定の中層を浮遊していることが多い。ゴマハゼと混生していることも珍しくない。飼育下では幼魚・成魚とも海水に近い汽水が適している。人工飼料にも慣れ温和で飼いやすいが、臆病な面があり、混泳水槽ではサンゴなどで本種の隠れ処を作っておくとよい。

▼新緑を思わせる体色から名づけられた

▲幼魚は「レッドスキャット」という名前で観賞魚店に並ぶ

クロホシマンジュウダイ科 Scatophagidae

クロホシマンジュウダイ

Scatophagus argus (Linnaeus)

▲成魚の体色には、子供時代の面影がない

【全長】 35cm

【国内の分布】 和歌山県以南の日本各地。

【生息環境】 湾内や汽水域、漁港でも見られる。

【形態・生態など】 幼魚時の体色は黄褐色地に多数の黒色横帯があり、背部の一部が朱色をしているが、成長に伴い体全体が光沢のある黄褐色となり、横帯は無数の小黒斑に変化する。四万十川水系では通年見られ、幼魚は夏から秋にかけて多い。個体数は近年増加傾向にあり、温暖化の影響と考えられる。全長 10cm 位までの個体はおおむね集団で生活しており、全長 3cm 以下の幼魚はアマモ場や沈水木の周辺で群れていることが多い。また、漁港では漁船の係留ロープの付着藻類などを摂食する姿がしばしば観察されている。飼育に際しては半海水を用い、魚の切身を好み、人工飼料にも慣れる。本種は好奇心が強く、動作が緩慢な魚のヒレを齧ることがあり、混泳水槽には不適。

アイゴ科 Siganidae

アイゴ

Siganus fuscescens (Houttuyn)

【全長】25cm
【国内の分布】山陰～下北半島以南の本州、四国、九州。
【生息環境】岩礁性の沿岸域、漁港でも見られる。
【形態・生態など】体形は楕円形。体色は茶褐色で多数の黄白色斑が散在する。驚いた時などには不規則な白い横縞が現れる。四万十川水系では、1998年9月6日に初めて記録されて以降ほぼ毎年、夏から秋にかけ全長2～3cmの幼魚の群れが河口のアマモ場で見られる。海域ではメジナなど他の魚と群れを作っていることもある。飼育に際しては、魚の切身を好み丈夫で飼いやすい。ただし、やや気の荒い面があり、混泳水槽では注意が必要。また、生時･死後問わず背ビレ･腹ビレ･尻ビレの棘に毒があり、刺されると激しく痛むので取り扱いには注意。

▼写真の眼の色は光の反射によるもの

カマス科 Sphyraenidae

オニカマス

Sphyraena barracuda (Walbaum)

【全長】1.6m
【国内の分布】南日本。
【生息環境】沿岸及び河口域。
【形態・生態など】幼魚時には体側中央部と背部に黒色斑が不規則に並ぶが、成長に伴い全身が銀白色になる。魚食性で、全長5cm前後までの幼魚では、水面近くを斜め懸垂状で浮遊しながら獲物を待ち伏せする行動が観察される。四万十川水系での初記録は1995年9月21日に河口域で得られた幼魚1尾。以降もほぼ毎年幼魚が確認されているが、周辺の漁港等では6月下旬から11月まで、河川内では夏から秋にかけよく見られる。飼育に際しては幼魚時より海水が適している。活魚を好むが、慣らせせば切身なども食べるようになる。瞬発力に優れ、狭い水槽では吻を潰してしまうことが多い。

▼釣り人の間では「バラクーダー」と呼ばれる

ヒラメ科 Paralichthyidae

ヒラメ

Paralichthys olivaceus
(Temminck et Schlegel)

▲養殖された幼魚が盛んに放流されている

【全長】 1m
【国内の分布】 沖縄県を除く日本各地。
【生息環境】 砂泥底の沿岸。
【形態・生態など】 体は楕円形で著しく側扁し､両眼は体の左側にある。口は大きく、両アゴに鋭い犬歯列をもつ。体色は左側が淡褐色地に大小複雑な暗色斑が広がり、さらに多数の円形白色斑と、3個の明瞭な眼状紋がある。右側は白っぽい。通常は体の右側を下に､底砂中に浅く潜っている。移動する際も、常に右側を下にして遊泳する。河川内では4月から5月にかけ幼魚が多く遡上してくる。飼育に際しては当初より海水を用い、動物質食性で活きた小魚を好むが、魚の切身にも慣れる。他の魚を傷つけたりすることもなく飼いやすいが、本種の口より小さいサイズの魚は食べられてしまうので混泳水槽では注意を要する。

カワハギ科 Monacanthidae

アミメハギ

Rudarius ercodes Jordan et Fowler

▲水から出すと体を硬直させる習性がある

【全長】 7cm
【国内の分布】 北海道を除く日本各地。
【生息環境】 沿岸～河口域。
【形態・生態など】 全身が黄褐色または淡褐色で、小さな円形斑が散在する。状態によって濃褐色の縞が現れることがある。オスの尾柄には剛毛が生えており、雌雄のよい識別点となる。本来は海域に生息し､漁港では係留ロープの付着藻類などをついばむ姿が観察される。数尾で群れていることも珍しくない。幼魚は河川内のアマモ場でも見られる。四万十川水系での初記録は2005年8月6日の幼魚1尾で、以降も少数の確認例がある。幼魚時より海水が適しており、飼育下では魚の切身を好む。温和で動作も緩慢なので、性質の荒い魚や餌を取るのが速い魚との混泳は避けたい。

▲体は側扁する

ギマ科 Triacanthidae

ギマ

Triacanthus biaculeatus (Bloch)

【全長】 25cm

【国内の分布】 静岡県以南の日本各地。

【生息環境】 沿岸〜河口域。

【形態・生態など】 幼魚時は熱帯魚のエンゼルフィッシュを思わせる体形で、背ビレから腹ビレにかけ太い黒条が目立つ。成長に伴い体形が細長くなり、体側全体が銀白色に変化する。四万十川水系では 1996 年 8 月 9 日に初めて記録されて以降、毎年夏から秋にかけ河口域のアマモ場で多数観察されている。数尾で群れていることが多い。現地では降雨による出水で塩分濃度がかなり低下した時などでも見られるが、飼育に際しては幼魚・成魚ともに海水が適している。魚の切身を好み、人工飼料にも慣れる。性質は比較的温和なので、ボラなど同サイズのおとなしい魚との混泳に向いている。

▼幼魚と成魚では印象が全く異なる

カワハギ科 Monacanthidae

カワハギ

Stephanolepis cirrhifer
(Temminck et Schlegel)

▲体色や斑紋は環境によって変化する

【全長】20cm
【国内の分布】北海道以南の日本各地。
【生息環境】主に砂泥底の沿岸、漁港などでも見られる。
【形態・生態など】ひし形の体つきで、淡褐色地に濃褐色の不規則な斑紋がある。鱗にごく小さい棘が生えているため、素手で触るとざらつき感がある。河川内では希だが周辺の漁港などでは普通に見られ、漁船の係留ロープに付着したカキなどをついばむ姿が観察できる。元々海水魚なので、飼育に際しては当初より海水を用い、動物質の餌を与える。飼育下では魚の切身にもよく慣れる。丈夫で飼いやすいが、成長に伴い気性が荒くなり大半の混泳魚を傷つけてしまうため、単独飼育が望ましい。自然下での採集に当たり、幼魚はアミメハギと混同しやすいので注意したい。

ハコフグ科 Ostraciidae

ハコフグ

Ostracion immaculatus
Temminch et Schlegel

▲漁港では漁船の係留ロープをついばむ姿がよく見られる

【全長】25cm
【国内の分布】岩手県以南の本州、四国、九州。
【生息環境】沿岸域。漁港でもよく見られる。
【形態・生態など】体全体が硬い骨板で覆われており、カメの甲羅のようにも見える。口は下向きでおちょぼ。幼魚はほぼ球形で黄色地に黒色と水色の斑紋が散在する。成長に伴い斑紋は不明瞭になり、やや細長い体形となる。オス成魚では背面が青色味を増す。河川内では希だが周辺の漁港などでは普通に見られ、単独で行動している。また幼魚はタイドプールにも現れ、あたかも波間を漂う浮遊物のように不規則な泳ぎを見せる。飼育に際しては当初より海水が適し、アサリなどの貝類やむきエビなど動物質の餌を好む。観賞魚として人気種の1つだが、水槽内で死ぬと体から粘液毒を出し他の魚を巻き添えにしてしまうので、単独飼育が好ましい。

フグ科 Tetraodontidae

キタマクラ

Canthigaster rivulata (Temminck et Schlegel)

【全長】15cm

【国内の分布】房総半島以南の日本各地。

【生息環境】サンゴ礁～岩礁地帯、漁港でも見られる。

【形態・生態など】胸ビレを囲むように黒褐色の縦縞２本が尾ビレ付け根まで伸びる。成熟したオスでは全身に濃青色の短い縞が現れ、腹部でより顕著になる。本来漁港や磯溜りで見られ、四万十川本流では成魚が河口から５km辺り上流まで遡上してくる。縄張り意識が強く、磯溜りでは住処にしている岩の隙間に細い棒などを差し出すと、それに向かってくることがある。元々海水魚なので幼魚・成魚とも海水を用い、アサリ等の動物質の餌を好む。なお、飼育下では警戒心が強くなる傾向があり、気の荒い魚とは混泳させない方がよい。

▼口が突き出ているので、一般的なフグのイメージとは異なる

フグ科 Tetraodontidae

コモンフグ

Takifugu poecilonotus (Temminck et Schlegel)

【全長】20cm

【国内の分布】日本各地。

【生息環境】岩礁性の沿岸、漁港などでもよく見られる。

【形態・生態など】クサフグに似るが、体表の斑紋がより密なこと、体の側面左右の黒斑が背面まで伸びてつながることなどで区別できる。四万十川で見られるフグ類中、最も個体数が多い。３月には全長１cmに満たない個体の遡上が見られ始め、６月下旬には全長５cm程に成長した個体も観察される。初夏から盛夏にかけては漁港や磯溜りでもよく見られ、数尾から数十尾の群れで行動していることが多い。飼育に際しては当初より海水が適し、動物質の人工飼料にも慣れ、温和で飼いやすい。

▼休眠する際には、砂の中に潜る習性がある

▲純淡水域までは遡上しない

フグ科 Tetraodontidae

クサフグ

Takifugu niphobles (Jordan et Snyder)

▲多くのフグ類はフグ毒（テトロドトキシン）をもつが、本種もその1つ

【全長】 15cm

【国内の分布】 北海道以南の日本各地。

【生息環境】 岩礁、砂礫底問わず、沿岸域に見られる。

【形態・生態など】 ごく普通のフグ体形。胸ビレ後方に明瞭な円形の黒斑があり、背面から側面にかけては淡いウグイス色で白色斑が散在する。幼魚・成魚ともよく河川内に侵入し、特に成魚は他のフグ類が見られない冬期にも満ち潮時を選んで遡上してくる。また、幼魚は塩分濃度がかなり低い水域にも長期間滞在することがあるとみえ、淡水魚の寄生虫であるイカリムシの成体に寄生された個体も観察されている。危険を感じると、素早く転石の隙間や砂の中に潜り込む。飼育に際しては幼魚・成魚とも海水が適しており、動物質の餌を好む。流水を好む習性があるので、エアレーションを多めにすると調子がよい。

フグ科 Tetraodontidae

サザナミフグ

Arothron hispidus（Linnaeus）

【全長】 45cm

【国内の分布】 千葉県以南。

【生育環境】 岩礁帯、砂礫底、漁港などを問わず沿岸域に見られる。

【形態・生態など】 全身黒褐色で背面に小白色斑が散在、腹面には緩く湾曲する縦縞がある。幼魚は磯溜りの他、汽水域のアマモ場にも現れる。四万十川水系では、2000年５月７日に初めて幼魚１尾が記録されて以降も幼魚がしばしば確認されている。飼育は幼魚時より海水が適している。魚の切身など動物質の餌を好み、人工飼料にもよく慣れる。

▼幼魚時はほぼ球形の体つき

▲成長に伴いやや細長い体形となる

ハリセンボン科 Diodontidae

ハリセンボン

Diodon holocanthus Linnaeus

【全長】 30cm

【国内の分布】 北海道を除く日本各地。

【生息環境】 沿岸域。

【形態・生態など】 体の大半が黄褐色で、小黒斑が散在する。眼の周りと背面には赤褐色の斑紋がある。体中、鱗が変化した棘で覆われていることが和名の由来。飼育に際しては当初より海水が適し、動物質の餌を与え、特に活エビ、活魚を好む。人にもよく馴れ、丈夫で飼いやすい。なお四万十川では近年になって記録された。

▼河川では希だが、周辺の漁港でよく見られる

▲全身の棘を立てて威嚇する

四万十川水系の記録魚種一覧

種名	生息域	個体数	備考
アカエイ	下流	少	
ロングノーズガー	中流	少	移入
カライワシ	下流	少	
イセゴイ	下流	少	
ヨーロッパウナギ	下流？	少	移入
ウナギ	上〜下流	多	
オオウナギ	中〜下流	少	
タケウツボ	下流	少	
ミナミホタテウミヘビ	下流	少	
クロアナゴ	下流	少	
スズハモ	下流	少	
ウルメイワシ	下流	少	
サッパ	下流	普	
コノシロ	下流	少	
ドロクイ	下流	少	
カタクチイワシ	下流	少	
インドアイノコイワシ	下流	少	
コイ	中〜下流	多	
ゲンゴロウブナ	中〜下流	多	移入
ギンブナ	中〜下流	多	
オオキンブナ	上〜中流	普	
ヤリタナゴ	中流	多	
ハクレン	中流	少	移入
ハス	中流	少	移入
オイカワ	上〜中流	多	移入
カワムツ	上〜中流	多	
ソウギョ	中流	少	移入
タカハヤ	上流	多	
ウグイ	上〜中流	多	
モツゴ	中流	多	
ムギツク	上〜中流	少	移入
タモロコ	中流	多	
カマツカ	上〜中流	普	移入
コウライモロコ	上〜中流	普	移入
ドジョウ	中流	普	
ヒナイシドジョウ	上〜中流	普	
ギギ	中流	少	移入
ナマズ	中流	普	
アカザ	上〜中流	普	
ゴンズイ	下流	普	
アユ	上〜下流	多	
ニジマス	上流	少	移入
ヤマトイワナ	上流	少	移入
ニッコウイワナ	上流	少	移入
サツキマス	下流	少	
アマゴ	上流	多	
マダラエソ	下流	少	
アカヤガラ	下流	少	
アオヤガラ	下流	少	
オクヨウジ	下流	普	
ヨウジウオ	下流	少	
ガンテンイシヨウジ	下流	普	
アミメカワヨウジ	下流	少	
カワヨウジ	下流	普	
イッセンヨウジ	下流	少	
テングヨウジ	下流	普	
クロウミウマ	下流	少	
ワニグチボラ	下流	少	
フウライボラ	下流	少	
オニボラ	下流	少	
ボラ	中〜下流	多	
セスジボラ	下流	少	
メナダ	下流	少	
コボラ	下流	少	
タイワンメナダ	下流	少	
ナンヨウボラ	下流	普	
トウゴロウイワシ	下流	少	
カダヤシ	中流	少	移入
メダカ	中〜下流	多	
サヨリ	下流	普	
ダツ	下流	少	
オキザヨリ	下流	少	
カサゴ	下流	少	
ホウボウ	下流	少	
マゴチ	下流	少	
カマキリ	上〜下流	少	
ウツセミカジカ	上〜中流	絶滅？	
アカメ	下流	普	
タカサゴイシモチ	下流	少	
ヒラスズキ	下流	普	
スズキ	中〜下流	普	
タイリクスズキ	下流	少	移入
ブルーギル	中〜下流	多	移入
オオクチバス	中〜下流	多	移入
ネンブツダイ	下流	少	
ムツ	下流	少	
コバンザメ	下流	少	
スギ	下流	少	
イケカツオ	下流	少	
カスミアジ	下流	少	
ギンガメアジ	中〜下流	普	
オニヒラアジ	下流	少	
ロウニンアジ	下流	多	
ヒイラギ	下流	多	
ゴマフエダイ	下流	少	
ニセクロホシフエダイ	下流	少	
クロホシフエダイ	下流	少	
マツダイ	下流	少	
セッパリサギ	下流	少	
ダイミョウサギ	下流	普	
ヤマトイトヒキサギ	下流	少	
クロサギ	下流	多	
コショウダイ	下流	少	
クロコショウダイ	下流	少	

種名	生息域	個体数	備考
ヘダイ	下流	普	
クロダイ	下流	普	
キチヌ	中〜下流	多	
イトフエフキ	下流	少	
ニベ	下流	少	
シログチ	下流	少	
シロギス	下流	少	
ヨメヒメジ	下流	少	
ヒメジ	下流	少	
ハタタテダイ	下流	少	
タカノハダイ	下流	少	
オヤビッチャ	下流	少	
コトヒキ	下流	多	
シマイサキ	中〜下流	多	
オオクチユゴイ	下流	少	
ユゴイ	中〜下流	普	
カゴカキダイ	下流	少	
メジナ	下流	少	
ツバメコノシロ	下流	少	
カマスベラ	下流	少	
ギンポ	下流	少	
トサカギンポ	下流	少	
イダテンギンポ	下流	少	
ナベカ	下流	少	
ニジギンポ	下流	少	
ネズミゴチ	下流	少	
ドンコ	上〜中流	多	
ヤエヤマノコギリハゼ	下流	少	
カワアナゴ	中〜下流	普	
チチブモドキ	下流	普	
オカメハゼ	下流	少	
テンジクカワアナゴ	下流	少	
タナゴモドキ	下流	少	
タビラクチ	下流	少	
トビハゼ	下流	多	
チワラスボ	下流	普	
ボウズハゼ	中〜下流	多	
ナンヨウボウズハゼ	中〜下流	少	
シロウオ	下流	普	
イドミミズハゼ	下流	少	
ミミズハゼ	中〜下流	普	
ヒモハゼ	下流	普	
タネハゼ	下流	普	
キンホシイソハゼ	下流	少	
アゴハゼ	下流	少	
スミウキゴリ	上〜下流	多	
ウキゴリ	中〜下流	普	移入
クボハゼ	下流	多	
ビリンゴ	中〜下流	多	
ヒトミハゼ	下流	少	
ウロハゼ	下流	多	
サビハゼ	下流	少	

種名	生息域	個体数	備考
マハゼ	下流	多	
アシシロハゼ	下流	普	
マサゴハゼ	下流	多	
ヒメハゼ	下流	普	
ミナミヒメハゼ	下流	少	
ノボリハゼ	下流	少	
クチサケハゼ	下流	少	
ヒナハゼ	下流	多	
アベハゼ	下流	多	
スジハゼA	下流	普	
クロコハゼ	下流	少	
ゴマハゼ	下流	少	
ゴクラクハゼ	中〜下流	多	
シマヨシノボリ	上〜下流	多	
オオヨシノボリ	上〜下流	普	
ルリヨシノボリ	上〜下流	普	
クロヨシノボリ	上〜下流	少？	
カワヨシノボリ	上〜中流	多	
アカオビシマハゼ	下流	少	
ヌマチチブ	中〜下流	多	
サツキハゼ	下流	普	
クロホシマンジュウダイ	下流	普	
アミアイゴ	下流	少	
アイゴ	下流	普	
テングハギ	下流	少	
クロハギ	下流	少	
オニカマス	下流	普	
オオカマス	下流	少	
アカカマス	下流	少	
ヒラメ	下流	少	
ヘラガンゾウビラメ	下流	少	
タマガンゾウビラメ	下流	少	
テンジクガレイ	下流	少	
ギマ	下流	普	
アミメハギ	下流	少	
カワハギ	下流	少	
ハコフグ	下流	少	
キタマクラ	下流	少	
ヒガンフグ	下流	少	
コモンフグ	下流	普	
シマフグ	下流	少	
クサフグ	下流	少	
サザナミフグ	下流	少	
ハリセンボン	下流	少	

純淡水魚

両側回遊魚

汽水・海水魚

少（少ない）…時々見られる
普（普通）…探せばほぼ見られる
多（多い）…必ず見られる

採集・運搬

最近はホームセンターなどで国産の川魚を扱っていることも多いが、大半の種類は自分自身でフィールドへ出かけ採集することができる。ここでは飼育が目的なので、できるだけ傷つけず元気な状態で持ち帰りたい。そのための手軽な採集道具はタモ網といえる。採集に際しては網で魚を追うのではなく、流れを利用するなどして、構えた網の中に魚を追い込むとよい。また石の隙間などに逃げ込んだものは尾の方に網を構え、頭側から刺激を与えると驚いて網の中に跳び込んでくることが多い。何と言ってもそれぞれの魚の生息環境や習性の熟知が一番のコツとなる。うまく網に入った魚は基本的に素手で触らないようにして容器に移す。狭い容器に長時間多数の個体を入れておくと酸素不足で死なせてしまうことがあるので、携帯エアーポンプなどが必要になる。これは長距離の運搬にも役立つ。

尾の方に網を構える

酸素ボンベやエアーポンプ

飼育法

　購入であれ、採集であれ、一度飼い始めた魚はできるだけ健康で長生きさせてあげたいもの。まず、飼育に必要と思われる器具類を以下に列記する。

●水槽…飼育個体それぞれのサイズや習性に合わせることが必要。大形種については成長に従い水槽サイズを替えていく方がよい。

●ろ過器…食べ残しや排泄物などで汚れていく水を、きれいに保つための器具。簡単な投げ込み式から本格的な外部式まで多種多様で、飼育個体の大きさや数によって使い分けする。

●クーラー…夏期の水温上昇を防ぐための器具で、主にアマゴやアカザなど渓流性の種類に用いる。

●保温器具…冬期の水温低下を防ぐための器具で、ユゴイやタナゴモドキなど南方系の種類に用いる。普通、ヒーターとサーモスタットを組み合わせて使用する。

●殺菌灯…水中の除菌を行う器具で、加温によって殺菌できない冷水魚の飼育水や、天然海水を使用する際などに用いる。

●蛍光灯…魚を美しく見せると同時に、光量不足による体の変形を防ぐ効果もある。

●エアーポンプ…水中の酸素供給や、投げ込み式フィルターなどに使用。

●フタ…飛び出しや電化製品の水濡れ防止のため。ただし、ジャンプ力の強い魚の場合、水面との間隔が狭いとフタで体を傷つけてしまうことがあるので注意したい。

●隠れ処…石や流木などを用いる。魚を水槽内で落ち着かせるためと、混泳水槽で弱い魚の避難場所にもなる。

　次は水換えについて。通常は 1 週間～ 10 日を目安として水槽内の 1/3 の量を換える。水温変化には特に注意が必要で、水換え後の水温が 2℃以上上下すると、飼育魚が体調を崩してしまうことが多い。

　ろ過器は、ろ過材が目詰まりを起こすなど、水の流れが悪くなってきた時に洗浄する。ただし、ろ過材には飼育水を浄化してくれるバクテリア（ろ過細菌）が付着しており、きれいに洗浄し過ぎると、ろ過機能低下にもつながるため、特にウール類は多少の汚れが付いている程度に留めておく方がよい。

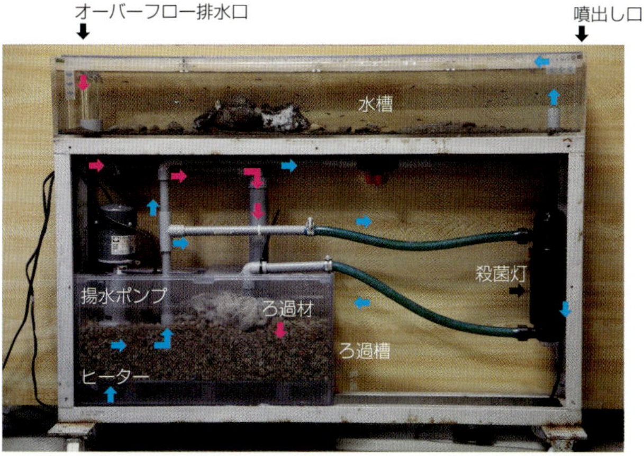

【水槽システムの 1 例】

➡ろ過された水の流れ
➡汚れた水の流れ

飼育上の目安

真水	10～28℃	コイ、ギンブナ、モツゴ、ドジョウ、メダカなど
	10～18℃	タカハヤ、アカザ、アマゴなど
	12～20℃	ニジマス、オオヨシノボリ、ルリヨシノボリ、クロヨシノボリ、カワヨシノボリ、アユ、カマキリ、ウキゴリなど
	17～25℃	ウナギ、オオキンブナ、ヤリタナゴ、ハス、オイカワ、カワムツ、ウグイ、タモロコ、コウライモロコ、ギギ、ドンコ、シマヨシノボリなど
	18～28℃	ナンヨウボウズハゼ、オカメハゼ、テンジクカワアナゴ、タナゴモドキなど
汽水 真水：海水比 9：1	10～25℃	イッセンヨウジ、ミミズハゼなど
真水：海水比 7：3	15～28℃	ビリンゴ、アベハゼなど
	18～28℃	ガンテンイシヨウジ、テングヨウジ、 アカメ（幼魚）など
真水：海水比 5：5	10～28℃	ボラ、セスジボラ、スズキ、キチヌ、ウロハゼ、アシシロハゼ、など
	18～28℃	ナンヨウボラ、アカメ、ギンガメアジ、ゴマフエダイ（幼魚）、ユゴイ、ヤエヤマノコギリハゼ、クロホシマンジュウダイ、ダイミョウサギ（幼魚）、チワラスボ、タネハゼ、マサゴハゼ、ノボリハゼ、クチサケハゼ、ヒナハゼ、ゴマハゼなど
真水：海水比 3：7	15～28℃	ヒラスズキ、サツキハゼなど
	20～28℃	ロウニンアジ、ヒイラギ、オオクチユゴイなど
海水	15～28℃	ゴンズイ、マゴチ、クロサギ、ヘダイ、クロダイ、タカノハダイ、コトヒキ、ヒラメ、キタマクラ、クサフグなど
	20～28℃	オニボラ、タイワンメナダ、コボラ、カスミアジ、ハタタテダイ、オヤビッチャ、トサカギンポ、イダテンギンポ、ニジギンポ、アイゴ、オニカマス、ギマ、ハコフグ、ハリセンボンなど

海水水槽

真水水槽

四万十川観光マップ

天狗高原
四国カルスト
源流点
不入山
西宮神社
石藪沈下橋
長沢の滝
津野町
県立
至須崎市
中古屋沈下橋
梼原町
歴史民俗資料館
諏訪神社
宮野々沈下橋
高野の廻り舞台
成藪沈下橋
梼原
千枚田
力石
至松山市
川口沈下橋
太郎川公園
河内五社神社
津野神社の三番叟
高樋沈下橋
四万十源流の家
仲間沈下橋
雲の上の温泉
北川郷麓温泉
中土佐町
仲久保沈下橋
長野沈下橋
久万秋沈下橋
吉野
久保谷風景林
森ケ内風景林
満宮前キャンプ場
至高知市
中平沈下橋
松葉川温泉
龍王の滝
下津井めがね橋
下津井温泉
一斗俵沈下橋
梼原川
米奥沈下橋
三堰キャンプ場
古城の大念仏
十和
久木の森山風景林
津賀ダム
地吉の夫婦杉
木屋が内沈下橋
ゆういんぐ四万十
こいのぼり公園
中の島公園
十和温泉
大正
道の駅とおわ
ふるさと交流センターキャンプ場
四万十緑林公園
茅吹手沈下橋
四万十オートキャンプ場「ウエル花夢」
中半家沈下橋
大正温泉
柳瀬温泉
窪川
窪川町
四万十町
三島キャンプ場
半家沈下橋
里川沈下橋
田野々
長生沈下橋
上岡沈下橋
上宮沈下橋
若井沈下橋
広見川
ふれあいホール
轟公園
星羅四万十
興津青少年旅行村
江川崎
道の駅大正
家地川取水堰
四万十川の駅カヌー館
弘瀬沈下橋
西土佐
土佐くろしお鉄道
一の又渓谷温泉
一の又渓谷風景林
日本一のモミの木
岩間沈下橋
四万十楽舎
中半休憩所
黒尊渓谷・風景林
口屋内沈下橋
四万十市
黒潮町
黒尊川
しゃえんじり
四万十川
後川
勝間沈下橋
四万十カヌーとキャンプの里
かわらっこ
高瀬沈下橋
佐田沈下橋
三里沈下橋
安並水車の里
一條神社
あきついお 四万十川学遊館
四万十川観光遊覧船
中村
四万十市観光協会
不破八幡宮
至宿毛市
香山寺/市民の森
世界の藤の里
オートキャンプ場「とまろっと」
大文字山の送り火
四万十いやしの里
野鳥自然公園
四万十川
至足摺岬
土佐清水市
香川
愛媛
徳島
高知
四万十川流域
四万十市
足摺岬
凡例
沈下橋
観光遊覧船
役場
市役所

四万十川の観光スポット

旅の始まり
四万十川源流点

全長 196km の四万十川。誕生の地「不入山」は標高 1336m、四国カルスト県立自然公園の東南に位置し、その中腹（標高 1200m）に源流点があります。

【問】津野町役場 TEL0889-55-2311

四万十川で一番初めに架けられた沈下橋
一斗俵沈下橋

一斗俵《いっとひょう》の沈下橋は昭和 10 年(西暦 1935 年)に建設され、四万十川流域に現存する最も古い沈下橋として国指定の有形文化財に登録されています。

【問】（社）四万十町観光協会　TEL0880-29-6004

四万十川一のロケーション
岩間沈下橋

数ある四万十川の沈下橋中で、最も風光明媚と言われています。国道 441 号線下流側からの眺めは、ポスターや各種ロケでもよく扱われています。

【問】（社）四万十市観光協会　TEL0880-35-4171

四万十川で漁師になる！ 川漁体験

エビ筒や石ぐろ、柴漬けなど、ユニークな伝統漁法が残る四万十川。流域には、これらの川漁を有料で体験させてくれる施設や組織が数多くあります。

【問】（社）四万十市観光協会　TEL0880-35-4171

四万十よくばり体験！
カヌー体験

勾配が緩やかな四万十川ではカヌーによる川下りが人気で、流域にはインストラクター常駐でレンタル・カヌーやゴムボートを扱う施設もあります。また、これらの多くにはキャンプ場も整備されています。

【問】四万十・川の駅カヌー館　TEL0880-52-2121

【問】四万十カヌーとキャンプの里　かわらっこ
TEL0880-31-8400

川の特等席
四万十川観光遊覧船

四万十の川風に吹かれながら、風情あふれるひとときを味わうことができます。定期便と貸し切りとがあり、通常の屋形船のほか、白い帆を張った舟母《せんば》も運行されています。また、お好みで伝統漁法の見学や四万十川料理などを楽しむこともできます。

【問】（社）四万十市観光協会　TEL0880-35-4171

四万十川最大の沈下橋
佐田の沈下橋

全長 291.6m 幅員 4.2m、四万十川本流の最下流に位置する、流域最大の沈下橋です。魚類やテナガエビなど水生生物も豊富に見られる、人気の観光スポットです。

【問】（社）四万十市観光協会　TEL0880-35-4171

世界の藤園
香山寺 市民の森

ハイキングや森林浴のスポットとなるよう整備されています。また、四万十市の市花である「フジ」の植栽ゾーンがあり、美しい花を咲かせる国内外のフジ 23 種全てを見ることができます。

【問】（社）四万十市観光協会　TEL0880-35-4171

四万十川のいろいろな行事

四万十川ウルトラマラソン

毎年 10 月に開催される、四万十市と四万十町の清流沿いを駆け抜けるマラソン。100km と 60km の部があり、全国各地から約 1800 人のランナーが参加します。沿道の応援も暖かさ一杯です。

【問】（社）四万十市社会体育課　TEL0880-34-2071

不破八幡宮大祭

前関白一條教房公が建立。京都の岩清水八幡宮を勧請《かんじょう》したと言われ、幡多地方の総鎮守の役割を果たしていました。毎年 10 月の第 2 日曜に秋の大祭を開催。一宮神社と結婚式を行うというもので、全国的にも類を見ない祭典です。

【問】（社）四万十市観光協会　TEL0880-35-4171

四万十花まつり

春の訪れと共に、四万十川流域には様々な花が咲き始めます。それぞれが見頃を迎えたとき、皆様をお迎えする準備が整います。甘い香りに包まれながら、美味しい空気の中でおくつろぎ下さい。

【問】（社）四万十市観光協会　TEL0880-35-4171

こいのぼりの川渡し

四万十町十和が「こいのぼりの川渡し」発祥の地。山里の子供たちを元気付けるため、毎年数百尾のこいのぼりが、四万十の川風を受け初夏の空を悠々と泳ぎます。

【問】四万十町役場十和総合支所　TEL0880-28-5111

四万十川を守るいろいろな活動

水辺の楽校

四万十川の河畔を教室に見立てた「水辺の楽校」。各種専門家による水生生物の生態観察や採集、植物や石の標本づくり、伝統漁法体験等を通して自然環境に関わる楽しさと、大切さを学びます。豊かな自然の中、想像力を働かせ活動する中で培われた感性はきっと、日々の生活にも役立てられることでしょう。

四万十川一斉清掃

昭和 56 年（西暦 1981 年）に始まった「四万十川市民一斉清掃」。四万十川流域の各自治体を始め、高知県、各種民間団体なども広く本事業への参加呼びかけを行っており、今では支流を含め約 1000 人の住民が参加する、大規模な河川清掃に成長しています。

マイヅルテンナンショウの保護育成

高知県内では絶滅したと考えられていた絶滅危惧植物「マイヅルテンナンショウ」の大群落が四万十川流域で発見され、これを地域の環境保全シンボルとして守り育てようと地元住民が主役となって取り組んでいます。「四万十川自然再生」を目指すこの保護育成活動には、高知県立牧野植物園や国土交通省中村河川国道事務所等からの支援も受けています。

鍋島トンボ・ビオトープ

生態系保全と復元を目的とした国土交通省による自然再生事業の一環として、四万十川河川敷３ヶ所に整備されているトンボ池の一つ。最下流に位置する鍋島トンボ・ビオトープは、高知県内では四万十川流域だけに見られるマイコアカネの保護を設置目的の筆頭に掲げています。このほか、セスジイトトンボ、ムスジイトトンボなどのイトトンボ類を始め、ベニトンボ、ハネビロトンボなどの南方種も普通に見ることができます。

四万十川学遊館（あきついお）

四万十川学遊館は、世界初のトンボ保護区にある「水辺環境の保全」をテーマとする博物館です。国内外のトンボ標本約 1000 種 3000 点などを展示する「とんぼ館」と、四万十川水系産を中心に国内外の淡水・汽水魚約 300 種 2500 尾を大小約 100 基の水槽で飼育する「さかな館」とで構成されています。なお、愛称の「あきつ」とはトンボの古い呼び名、「いお」は魚（うお）の意味です。

四万十の魚コーナー

アカメ

四万十の魚コーナー

アカメやフグ類など、四万十川水系記録種約 130 種を飼育展示しています。

ハコフグ

ヤリタナゴ

日本の魚コーナー

四万十川水系では見られない、北海道から沖縄にかけて生息する国内産淡水・汽水魚約 70 種を飼育展示しています。

ビワコオオナマズ

ミヤコタナゴ

エンツ・ユイ

アジア・アロワナ

ヨツメウオ

海外の魚コーナー

ナイルパーチなどのアカメ属、肺魚など古代魚の仲間、ヨツメウオなど珍魚類ほか、海外の淡水・汽水魚約 100 種を飼育展示しています。

ピラルク　大迫力の食事風景

四万十市トンボ自然公園（トンボ王国）

民間の自然保護団体「社団法人・トンボと自然を考える会」が公共自治体や企業、各種団体等の支援を受けながら、1985 年から整備と管理を続けている「四季の花咲くトンボの楽園」です。整備計画エリアの「池田谷（約 50 ヘクタール）」では、同規模面積として日本最多となる 76 種のトンボが記録されています。

エサやり体験

入館者を対象として開館日の午後 4 時から、2 mのピラルクへのエサやり体験ができます。エサの小魚が水面に着くや否や、大音響を立て空気と共に一気に吸い込みます。

チョウトンボ

コフキヒメイトトンボ

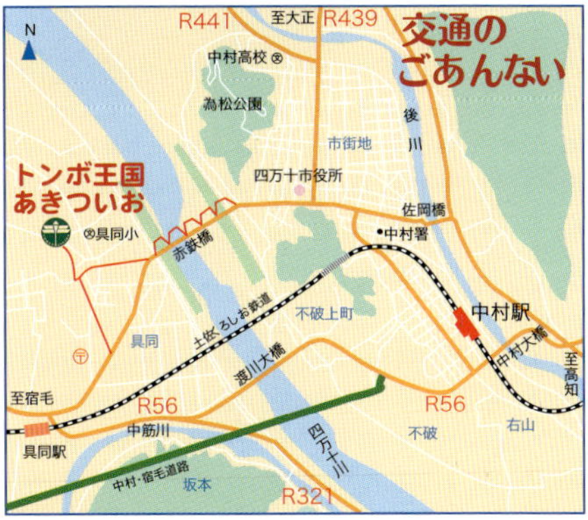

- 高知市より車で 2 時間 30 分
- 高松市より車で 4 時間
- 松山市より車で 3 時間 30 分
- 宿毛市より車で 30 分
- 土佐くろしお鉄道中村駅より車で 10 分

和名索引

学名索引

主要参考文献

秋山信彦・上田雅一・北野忠（2003）川魚　完全飼育ガイド．マリン企画
川那部浩哉・水野信彦　編・監（1989）日本の淡水魚．山と渓谷社
木村義志　監（2000）日本の淡水魚．学習研究社
松田久司　解説（2010）八幡浜の川の魚図鑑．
　特定非営利活動法人かわうそ復活プロジェクト
森文俊・秋山信彦（1995）淡水魚カタログ．永岡書店
森文俊・内山りゅう（1997）淡水魚．山と渓谷社
中坊徹次　編（2000）日本産魚類検索．東海大学出版会
中村泉　監（1994）川・湖・池の魚．成美堂出版
中村守純（1969）日本のコイ科魚類　資源科学シリーズ4．資源科学研究所
岡村収・尼岡邦夫　編・監（1997）日本の海水魚．山と渓谷社
瀬能宏　監（2004）日本のハゼ．平凡社

著者紹介

【写真】

大塚高雄（おおつか　たかお）
1949年東京都生まれ。写真家。
多摩川の近くで生まれ、夏休みには毎日のように川に通う。飼うことより捕ることに熱中。1984年四万十川を訪れ、その後毎年四万十川に足を運ぶ。四万十で出会った川漁師から多くのことを学び、特に「森が荒れると川も荒れる」という言葉がその後の撮影に影響を与える。川と森、そこに暮らす人々が、今取り組んでいる大きなテーマである。写真集、写真絵本、図鑑、雑誌などで作品を発表。社団法人トンボと自然を考える会会員。

【解説】

野村彩恵（のむら　さえ）
1984年高知県生まれ。社団法人トンボと自然を考える会職員。
幼少の頃より自然に恵まれた環境で育ち、虫や魚などを捕まえたり、飼育したり、時にはおてんばが過ぎることも…。様々な生物に触れ合う機会は多くあり、今の職につながる（？） 現在、ミヤコタナゴやアオバラヨシノボリなど、ふるさとを失いつつある多くの日本産淡水魚の累代飼育に奮闘中。いつの日か彼らのふるさとが再生されるなら、蛍光灯ではなく太陽の下で思いっきり泳がせてあげたい。

【企画・構成】

杉村光俊（すぎむら　みつとし）
1955年高知県生まれ。社団法人トンボと自然を考える会常務理事。
幼少からのライフワーク「トンボ観察」で水辺を歩き回っている中、自然の成り行きで魚に興味を覚えた。特に飼育熱が高く、その経験はトンボ池のフナからアマゾンのピラルクまで幅広い。現在は「昆虫や魚類にとって最良の保護策」を考え続ける日々を送っている。トンボの著書多数。

四万十川の魚図鑑

2010年7月7日　初版第1刷発行

著者　写真 大塚高雄　解説 野村彩恵　企画・構成 杉村光俊 ©

造本者　大竹左紀斗　DTP 渡辺美知子

発行人　新沼光太郎

発行所　ミナミヤンマ・クラブ株式会社
〒102-0072 東京都千代田区飯田橋 2-4-10 加島ビル
Tel.03-3234-5520　Fax.03-3234-5526
振替 00170-4-544081
http://www.minamiyanmaclub.jp/
info@minamiyanmaclub.jp

発売元　株式会社 いかだ社
〒102-0072 東京都千代田区飯田橋 2-4-10 加島ビル
Tel.03-3234-5365　Fax.03-3234-5308
振替 00130-2-572993
http://www.ikadasha.jp
info@ikadasha.jp

印刷・製本　株式会社 ミツワ

乱丁・落丁の場合はお取り換えいたします。

Printed in Japan
ISBN978-4-87051-287-0